6
1969

# Faserforschung und Textiltechnik

WISSENSCHAFTLICH-TECHNISCHE ZEITSCHRIFT
FÜR DIE CHEMIEFASER- UND TEXTILINDUSTRIE





AKADEMIE-VERLAG BERLIN

Faserforsch. u. Textiltechnik • 20. Jahrg. • Heft 6 • Seiten 259—308 • Berlin im Juni 1969

DK 677.061.2:677.061.6:677-042.412:677.014.886:677.017.27

*Geitel, Karlheinz*

Die Bogenzahl, eine notwendige Größe zur Beschreibung der Kräuselung?

Faserforsch. u. Textiltechnik **20** (1969) 6, S. 259—266. 9 Abb., 1 Tab., 5 Lit.

Für die Kennzeichnung der Kräuselungsform genügt ein Prüfmerkmal allein nicht. Selbst unter vereinfachenden Annahmen sind mindestens zwei Parameter zur Beschreibung der Kräuselungsgeometrie erforderlich. Dafür werden Kräuselungswinkel und Krümmung vorgeschlagen. Andere bekannte Größen, insbesondere die Bogenzahl, ergeben keine zusätzlichen Informationen.

---

DK 677.494.745.32:677.494.021.5
677.494.021.8:541.124:677.017.222:677.017.42

*Weiß, Wendelin, und Müller, Irmgard*

Ermittlung der hydrothermischen Beständigkeit von Polyacrylnitrilfasern durch Bestimmung des Umwandlungspunktes zweiter Ordnung

Faserforsch. u. Textiltechnik **20** (1969) 6, S. 267—273. 8 Abb., 5 Tab., 3 Lit.

Es wird eine Methode zur Ermittlung des Umwandlungspunktes zweiter Ordnung an Polyacrylnitrilfasern beschrieben, und die Versuchsergebnisse werden unter Berücksichtigung der Polymerisatzusammensetzung, der Herstellungstechnologie sowie spezieller Nachbehandlungsprozesse des Faserstoffes diskutiert.

---

DK 677.494.675:677.494.061.38:677.017.224:677.017.428
535.55:628.853

*Dittmann, Heinz, Henkel, Horst, Kaufmann, Siegfried, Lochmüller, Otto, und Richter, Heinz*

Dickstellen in gereckter Polyamidseide und ihre Entstehungsursachen

Teil 1: Das Erscheinungsbild der Dickstellen und die Theorie ihrer Entstehungsmöglichkeiten

Faserforsch. u. Textiltechnik **20** (1969) 6, S. 274—277. 4 Abb., 3 Lit.

Aus dem Erscheinungsbild der untersuchten Dickstellen ($T$-Masern), besonders aus dem Verlauf der Doppelbrechung in Abhängigkeit vom Fadendurchmesser, wurde als Entstehungsort das Streckfeld erkannt. Aus einer Analyse des Reckvorganges ergaben sich als Entstehungsursache von $T$-Masern Schwankungen im Kraft-Dehnungs-Verhalten längs des Fadens, die unter Produktionsbedingungen im wesentlichen durch Feuchteunterschiede verursacht werden. Der Bildungsmechanismus der $T$-Masern wird an einem Modellversuch demonstriert.

---

DK 677.494.675:677.494.061.38:677.017.224:677.017.428

*Dittmann, Heinz, Henkel, Horst, Kaufmann, Siegfried, Lochmüller, Otto, und Richter, Heinz*

Dickstellen in gereckter Polyamidseide und ihre Entstehungsursachen

Teil 2: Theorie und Modellversuche

Faserforsch. u. Textiltechnik **20** (1969) 6, S. 278—284. 8 Abb., 1 Tab., 5 Lit.

Die Theorie der Entstehung von $T$-Masern wird am Kraft-Dehnungs-Diagramm diskutiert und durch labormäßige sowie technologische Modellversuche prinzipiell bestätigt.

---

DK 677.494.675:677.494.061.38:677.494.021.97:628.853

*Mieck, Klaus-Peter*

Dickstellen in gereckter Polyamidseide und ihre Entstehungsursachen

Teil 3: Modellversuche zum Einfluß der relativen Luftfeuchte auf die $T$-Masern-Intensität

Faserforsch. u. Textiltechnik **20** (1969) 6, S. 285—293. 14 Abb., 2 Tab., 22 Lit.

Der Einfluß unterschiedlicher relativer Luftfeuchte auf die Eigenschaften ungereckter Polyamidseide wird beschrieben. Dabei werden neben Lagerungsversuchen von Spinnspulen mit anschließender Reckung die bei unterschiedlicher Feuchteeinwirkung auftretenden Veränderungen des Verformungsverhaltens im Hinblick auf die $T$-Masern-Bildung betrachtet.

---

DK 677.494.675.062:677.494.021.97:677.017.8
677.017.272:539.412:536.42

*Mieck, Klaus-Peter, und Pilz, Joachim*

Der Einfluß der Heißnachreckung auf die Gebrauchseigenschaften von Polyamidcord

Faserforsch. u. Textiltechnik **20** (1969) 6, S. 293—299. 9 Abb., 2 Tab., 14 Lit.

Es wird über die Eigenschaften heißnachgereckter Polyamidcorde unterschiedlicher Feinheiten berichtet. Nach einer kurzen Betrachtung zur erforderlichen Verweilzeit des Cordes in der Heizzone wird der Einfluß der Temperatur und Zugkraft bei der Heißnachreckung auf die Gebrauchseigenschaften der Polyamidcorde beschrieben.

---

Kurze Mitteilungen

DK 677.062:678.4:678.7:677.017.424.25:677.017.8

*Mieck, Klaus-Peter, und Pilz, Joachim*

Ein einfaches Verfahren zur Beurteilung der Haftkraft von Reifencord an Gummi

Faserforsch. u. Textiltechnik **20** (1969) 6, S. 300—301. 3 Abb., 3 Lit.

---

Die Zeitschrift „Faserforschung und Textiltechnik“ erscheint monatlich in Heften zu 48 Textseiten im Format A 4. Der Preis für das Einzelheft beträgt M 15,– (Sonderpreis für DDR M 9,–), für den Vierteljahrbezug M 45,– (Sonderpreis für DDR M 27,–), zuzügl. Bestellgeld. Die Berechnung erfolgt zu Beginn eines Vierteljahrs für 3 Hefte. Bestellungen aus dem Gebiet der Deutschen Demokratischen Republik an ein Postamt, eine Buchhandlung oder den Verlag, aus der Deutschen Bundesrepublik an eine Buchhandlung oder die Auslieferungsstelle Kunst und Wissen, Erich Bieber, 7 Stuttgart 1, Wilhelmstraße 4–6, aus dem Ausland an eine Importbuchhandlung, den Deutschen Buch-Export und -Import GmbH., 701 Leipzig, Postschließfach 276, oder den Akademie-Verlag GmbH., 108 Berlin, Leipziger Str. 3–4 (Fernruf: 220441; Telex-Nr. 0112020; Postscheckkonto 35021) erbeten. Bestellnummer dieses Heftes: 1014/20/6. Alleinige Anzeigenannahme DEWAG-WERBUNG, 102 Berlin, Rosenthaler Str. 28/31, und alle DEWAG-Betriebe in den Bezirksstädten der DDR. – Bestellungen in der UdSSR nehmen entgegen: Städtische Abteilungen von „SOJUZPECHATJ“ bzw. Postämter und Postkontore.

Herausgeber und verantwortlich für den Inhalt: Prof. Dr. Erich Correns, Institut für Faserstoff-Forschung der Deutschen Akademie der Wissenschaften zu Berlin, 153 Teltow-Seehof, Fernruf: Teltow 4831; Prof. Dr.-Ing. habil. Wolfgang Bobeth, Institut für Technologie der Fasern der Deutschen Akademie der Wissenschaften zu Berlin, 801 Dresden, Hohe Str. 6, Fernruf: 44721; Prof. Dr.-Ing. Hans Böhringer, Institut für Textiltechnologie der Chemiefasern Rudolstadt, Fernruf: Rudolstadt 2031; Prof. Dr. Hermann Klare, Prof. Dr. habil. Burkart Philipp und Dr. Christian Ruscher, Institut für Faserstoff-Forschung der Deutschen Akademie der Wissenschaften zu Berlin, 153 Teltow-Seehof, Fernruf: Teltow 4831. Schriftleiter: Joachim Brämer und Dipl.-Chem. Ingeborg Ruscher, 153 Teltow-Seehof, Kantstr. 55. Verlag: Akademie-Verlag GmbH., 108 Berlin, Leipziger Str. 3–4. Satz und Druck: Druckhaus „Maxim Gorki“, 74 Altenburg. – Veröffentlicht unter der Lizenznummer 1280 des Presseamtes beim Vorsitzenden des Ministerrates der Deutschen Demokratischen Republik.

# Faserforschung und Textiltechnik

WISSENSCHAFTLICH-TECHNISCHE ZEITSCHRIFT FÜR DIE CHEMIEFASER- UND TEXTILINDUSTRIE

Band 20 Juni 1969 Heft 6

## Zum Geleit

Aus Anlaß des fünfzehnjährigen Bestehens des

**Instituts für Textiltechnologie der Chemiefasern**

in Rudolstadt-Schwarza, über dessen Entstehungsgeschichte und erste 10 Jahre bereits ausführlich berichtet wurde (diese Zeitschrift **15** (1964) 8, S. 337—340), enthält dieses Heft eine Reihe von Veröffentlichungen über neuere Forschungsarbeiten der Mitarbeiter des Instituts.

Das Kollektiv des Instituts beabsichtigt damit, seinen Dank für die ihm in den 15 Jahren des Bestehens des Instituts zuteil gewordene großzügige Förderung und seine Verpflichtung zum Ausdruck zu bringen, zu Ehren des 20. Jahrestages der Deutschen Demokratischen Republik nach Leistungen mit höchster wissenschaftlicher und ökonomischer Effektivität zu streben.

*H. Bürger*
Institutsdirektor

## Die Bogenzahl, eine notwendige Größe zur Beschreibung der Kräuselung?

*Karlheinz Geitel*

*Institut für Textiltechnologie der Chemiefasern, Rudolstadt-Schwarza*

*142. Mitteilung aus dem Institut für Textiltechnologie der Chemiefasern, Rudolstadt-Schwarza (Direktor Dipl.-Ing. H. Bürger)*

DK 677.061.2:677.061.6:677—042.412:677.014.886:677.017.27

Für die Kennzeichnung der Kräuselungsform genügt ein Prüfmerkmal allein nicht. Selbst unter vereinfachenden Annahmen sind mindestens zwei Parameter zur Beschreibung der Kräuselungsgeometrie erforderlich. Dafür werden Kräuselungswinkel und Krümmung vorgeschlagen. Andere bekannte Größen, insbesondere die Bogenzahl, ergeben keine zusätzlichen Informationen.

*Является ли число изгибов необходимым показателем для характеристики извитости?*

Характеристика формы извитости не может быть достаточно описана лишь одним показателем. Даже при известном упрощении для описания геометрии извитости требуется знание, по крайней мере, двух параметров. Таковыми предлагаются угол извитости и изгиб. Другие известные величины, в частности, число изгибов, не дают дополнительной информации.

*Is the Number of Curls a Parameter Required for Determining the Crimp?*

The determination of the geometry of crimp requires, even under simplified conditions, at least two parameters. The use of crimp angle and curvature is proposed. No additional information can be gained from other characteristics, particularly the number of curls.

### *1. Einleitung*

Die Kräuselung ist eine Eigenschaft, die das Verhalten textiler Fasern während der Verarbeitung und die Eigenschaften der daraus hergestellten Fertigartikel wesentlich beeinflußt. Mit dem zunehmenden Umfang der Texturseidenproduktion ist das Interesse an einer umfassenden Beschreibung der Kräuselung noch gestiegen. Die Kräuselungsprüfung ist nach wie vor problematisch. Selbst bei der Bestimmung der einfachsten Größe, der beim Entkräuseln auftretenden Längenänderung, gibt es Schwierigkeiten, die im Zusammenhang mit dem labilen Zustand des gekräuselten Prüflings und mit der hohen Streuung der Meßwerte stehen.

Es ist bekannt, daß die aus der Längenänderung nach dem Entkräuseln berechneten Größen zur umfassenden Beschreibung der Kräuselung nicht genügen. Daher wurden wiederholt zusätzliche Größen vorgeschlagen. Immer wieder wurde auch versucht, die Anzahl der Kräuselbogen je Längeneinheit als Kenngröße zu verwenden. Die Problematik der Bestimmung der Bogenzahl durch Auszählen läßt jedoch die Frage nach der Aussagekraft dieser Größe auftauchen. Damit verbunden ist die Aufgabe, die Beziehungen zwischen den verschiedenen Größen darzustellen, um die Voraussetzungen für das Studium der Zusammenhänge zwischen diesen Größen und den Verarbeitungseigenschaften sowie den Eigenschaften der Fertigartikel zu schaffen.

Es ist hier nicht beabsichtigt, alle aus der Literatur bekannten Kenngrößen in die Betrachtung einzubeziehen. Die Arbeit soll vielmehr vorwiegend auf die Größen beschränkt bleiben, die für die Beschreibung der Kräuselungsgeometrie notwendig zu sein scheinen. Daher bleiben auch die vielfältigen Größen zur Kennzeichnung des Kräuselungsverhaltens nach einer Beanspruchung unberücksichtigt.

## 2. *Entkräuselung und Einkräuselung*

Die Entkräuselung und die Einkräuselung sind von der beim Entkräuselungsvorgang ermittelten Längenänderung abgeleitete Größen. Nach TGL 142-2014 [1] ist die Entkräuselung $\delta_k$ das Verhältnis der Längenänderung nach dem Entkräuseln $\Delta L_k$ zur freien Einspannlänge, d. h. zur Länge im gekräuselten Zustand $L_0$:

$$\delta_k = \frac{\Delta L_k}{L_0}. \qquad (1)$$

Unter Einkräuselung $\delta_E$ ist das Verhältnis von $\Delta L_k$ zur Länge im entkräuselten Zustand $L$ zu verstehen [2]:

$$\delta_E = \frac{\Delta L_k}{L}. \qquad (2)$$

Welche der beiden Größen zu bevorzugen ist, hängt vorwiegend von der Versuchsdurchführung ab. Die kräuselungsbedingte Längenänderung sollte wegen der einfacheren Streuungsberechnung möglichst auf eine konstante Länge bezogen werden. Je nach Versuchsdurchführung kann das die Länge im gekräuselten oder im gestreckten Zustand sein. Einen unterschiedlichen Aussagewert besitzen Entkräuselung und Einkräuselung nicht. Zwischen beiden Größen besteht der formelmäßige Zusammenhang

$$\delta_k = \frac{\delta_E}{1 - \delta_E}. \qquad (3)$$

Anstelle von Einkräuselung findet man auch die Bezeichnung Kräuselungskontraktion. Nach letzten Festlegungen ist jedoch unter Kontraktion die Längenänderung eines Prüflings durch Einkräuseln und Schrumpfen zu verstehen [3]. Auch der früher [4] standardisierte Begriff Kräuselungsgrad $K_g$ als Verhältnis der Länge im entkräuselten zur Länge im gekräuselten Zustand ergibt keine zusätzliche Information, denn er steht in mathematischem Zusammenhang zu den obengenannten Größen:

$$\delta_k = K_g - 1. \qquad (4)$$

Für die folgenden Betrachtungen genügt es daher, ausschließlich die Entkräuselung als Merkmal für die kräuselungsbedingte Längenänderung zu verwenden.

## 3. *Krümmung*

Nach *Henkel* [5] ist eine vollständige Beschreibung der Kräuselungsgeometrie durch folgende drei Größen möglich:

1. Kräuselungsgrad,
2. Krümmung,
3. Windung.

Anstelle des Kräuselungsgrades kann nach den Ausführungen im Abschnitt 2 die Entkräuselung treten.

Die Krümmung ist die reziproke Größe zum Krümmungsradius der Kräuselungsbogen. Sie ist wegen der Unregelmäßigkeit der Kräuselung bereits für den einzelnen Prüfling als mittlere Größe über eine bestimmte Länge definiert. Die Krümmung ist direkt nicht meßbar. Sie läßt sich jedoch durch Auswertung des Kraft-Längenänderungsdiagramms der gekräuselten Faser nach folgender Beziehung gewinnen:

$$K = \sqrt{\frac{2A_k}{S_B \cdot L}}. \qquad (5)$$

Darin bedeuten

$A_k$ = Entkräuselungsarbeit,
$S_B$ = Biegesteifheit,
$L = L_0 + \Delta L_k$ = Faserlänge im entkräuselten Zustand.

In Bild 1 ist ein typisches Kraft-Längenänderungsdiagramm gezeigt. Die Extrapolation des linearen Kurventeils führt zur kräuselungsbedingten Längenänderung $\Delta L_k$ und zur schraffiert dargestellten Fläche, die der Entkräuselungsarbeit entspricht. Die Biegesteifheit, das Produkt aus Elastizitätsmodul $E$ und Flächenträgheitsmoment $J$, kann nach *Henkel* auch bei Fasern mit nichtkreisförmiger Querschnittsfläche mit brauchbarer Näherung aus dem Anstieg des linearen Kurventeils und dem Flächenträgheitsmoment der Kreisfläche berechnet werden. Nach Umformung der in [5] angegebenen Beziehung ergibt sich

$$S_B = \frac{Tt \cdot P_{\Delta L} L}{4\pi\varrho \, \Delta L}. \qquad (6)$$

Darin bedeuten

$Tt$ = Faserfeinheit (Masse/Länge),
$\varrho$ = Dichte,
$P_{\Delta L}$ = beliebig angenommene Kraft auf der Extrapolationsgeraden.

Die Längenänderung $\Delta L$ ist nach Bild 1 die Differenz aus der der Kraft $P$ zugeordneten Gesamtlängenänderung und der Längenänderung $\Delta L_k$.

Setzt man (6) in (5) ein, so erhält man schließlich für die Krümmung

$$K = \sqrt{\frac{8\pi\varrho \, \Delta L \, A_k}{P_{\Delta L} Tt L^2}}. \qquad (7)$$

Die dritte der obengenannten Größen, die Windung, beschreibt den Anteil der Torsion an der im allgemeinen Fall räumlichen Form der Kräuselung und leitet sich wie die Krümmung aus einer Arbeitsgröße ab. Die Torsionsarbeit ist in der Entkräuselungsarbeit enthalten, jedoch gegenüber der reinen Entkrümmungsarbeit vernachlässigbar gering. Die getrennte Bestimmung der Torsionsarbeit und damit der Windung würde einen erheblichen apparativen Aufwand erfordern.

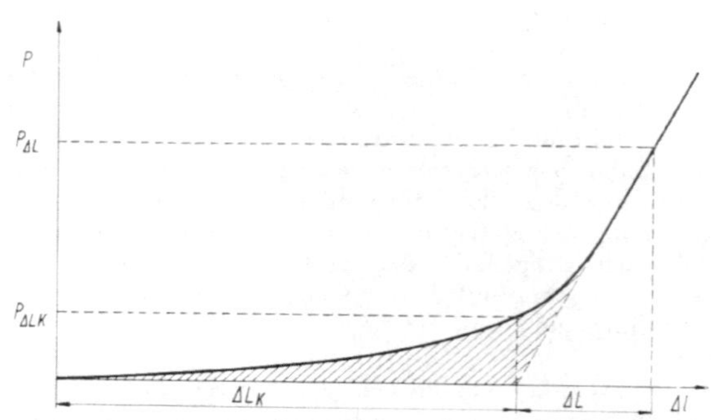


Bild 1. Zur Auswertung des Kraft-Längenänderungs-Diagramms einer gekräuselten Faser

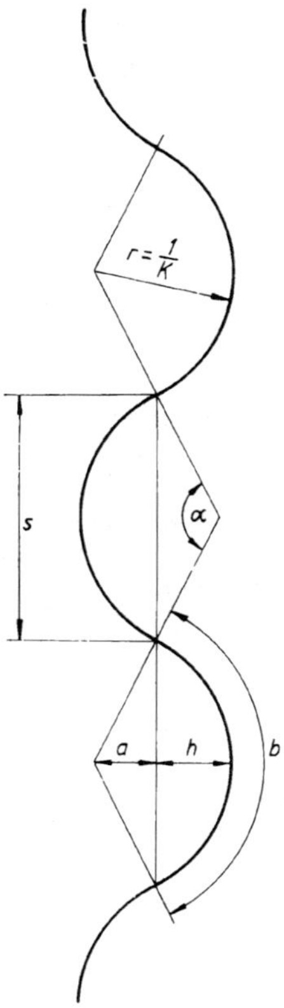


Bild 2. Vereinfachtes Modellbild der Kräuselung

## 4. *Bogenzahl*

### 4.1. *Bestimmung der Bogenzahl durch Auszählen*

Auf Grund der Tatsache, daß sich Fasern und Texturseiden mit unterschiedlich großen Kräuselbogen ganz verschieden bei Beanspruchung verhalten, wurde immer wieder versucht und gefordert, die Anzahl der Bogen je Längeneinheit prüftechnisch zu erfassen. Das einfache Auszählen der Bogen über eine bestimmte Länge versagt jedoch wegen der Unregelmäßigkeit der Kräuselung in den meisten Fällen. Aber selbst bei einer regelmäßig auf die Faser aufgebrachten Kräuselung (Zahnradkräuselung) ist ein reproduzierbares Ergebnis nicht zu erzielen, da überlagerte Verformungen der Fasern häufig stören. Auch verlaufen die Kräuselbogen nur über wenige Millimeter in einer Ebene, so daß die Beobachtung aus fortlaufend wechselnder Richtung erfolgen müßte, was einen kaum vertretbaren hohen Prüfaufwand erfordern würde. Das Auszählen der Kräuselbogen ist aus diesen Gründen nur in seltenen Fällen mit genügender Sicherheit möglich.

### 4.2. *Bestimmung der Bogenzahl aus der Entkräuselungskurve*

Im Abschnitt 3 waren die Entkräuselung und die Krümmung als hinreichende Größen für die Beschreibung der Kräuselungsgeometrie genannt worden. Es soll nun gezeigt werden, daß sich unter bestimmten Voraussetzungen die Bogenzahl aus diesen beiden Größen ableiten läßt. Wegen des Zusammenhangs zwischen der Krümmung der Faser und ihrem Kraft-Längenänderungs-Verhalten besteht demnach auch ein enger Zusammenhang zwischen dem letzteren, dargestellt durch die Entkräuselungskurve, und der Bogenzahl. Unter Bogenzahl $z_B$ sei im folgenden der Quotient aus der Anzahl der Bogen $z$ eines gekräuselten Fadenstückes und dessen Länge $L_0$ verstanden. Vorausgesetzt wird eine ebene, gleichmäßige Kräuselung, wie sie im Bild 2 durch Aneinanderfügen von Kreisbogen gleicher Länge $b$ und gleichen Radius' $r$ als Modell dargestellt ist. Der Winkel $\alpha$, der als Kräuselungswinkel bezeichnet werden soll, ist dann gegeben durch

$$\alpha = \frac{b}{r}. \qquad (8)$$

Die zum Bogen $b$ gehörige Sehne $s$ ist bestimmt durch

$$s = 2r \sin \frac{\alpha}{2}. \qquad (9)$$

Für die Anzahl der Bogen gilt die Beziehung

$$z = \frac{L_0}{s}. \qquad (10)$$

Mit der obigen Definition ergibt sich daraus

$$z_B = \frac{1}{s} \qquad (11)$$

und unter Beachtung von (9)

$$z_B = \frac{1}{2r \sin \alpha/2} \qquad (12)$$

oder mit

$$r = \frac{1}{K} \qquad (13)$$

$$z_B = \frac{K}{2 \cdot \sin \frac{\alpha}{2}}. \qquad (14)$$

Die Bogenzahl ist also nur von der nach (7) bestimmbaren Krümmung und vom Kräuselungswinkel abhängig. Dieser steht aber, wie sich leicht zeigen läßt, in mathematischer Beziehung zur Entkräuselung. Gemäß der Definition der Entkräuselung gilt für den einzelnen Bogen

$$\delta_k = \frac{b - s}{s}. \qquad (15)$$

Unter Beachtung der Beziehungen (8) und (9) erhält man daraus

$$\delta_k = \frac{\alpha}{2 \sin \frac{\alpha}{2}} - 1. \qquad (16)$$

Die Entkräuselung ist also allein eine Funktion des Kräuselungswinkels. In Bild 3 ist $\delta_k$ in Abhängigkeit von $\alpha$ dargestellt. Für eine Kräuselung, die sich aus Halbkreisbogen zusammensetzt, ergibt sich mit $\alpha = \pi$ eine Entkräuselung von $\delta_k = 0{,}571 \approx 57\%$. Es ist ferner zu erkennen, daß für $\alpha > \pi$, das heißt im Gebiet der sogenannten Überbogigkeit, die Entkräuselung steil ansteigt.

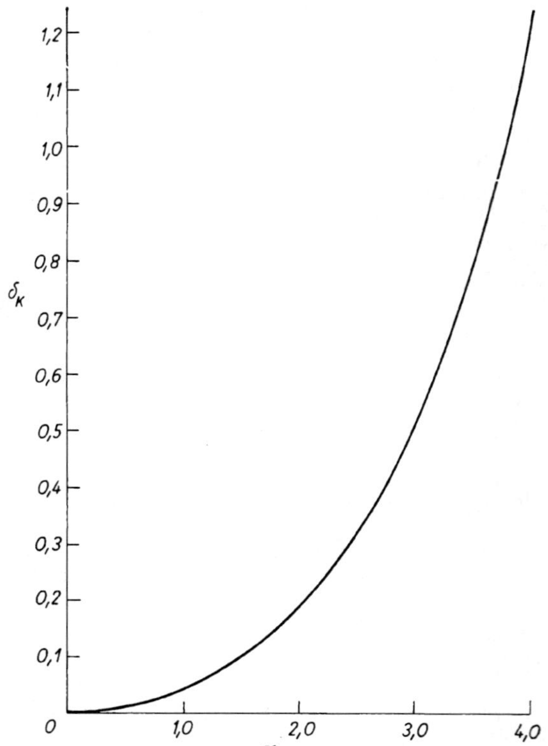


Bild 3. Entkräuselung in Abhängigkeit vom Kräuselungswinkel

Für die Berechnung der Bogenzahl nach (14) benötigt man den Ausdruck $\sin \alpha/2$. Man kann ihn in Abhängigkeit von der Entkräuselung unmittelbar aus Bild 4 entnehmen.

### *4.3. Bedeutung der Bogenzahl*

Nach (14) wächst die Bogenzahl proportional zur Krümmung. Die Abhängigkeit der Bogenzahl vom Kräuselungswinkel bzw. von der Entkräuselung läßt sich ebenfalls leicht abschätzen. Dazu sei Bild 4 betrachtet. Da $\sin \alpha/2$ von $\delta_k = 0$ bis $\delta_k = 0{,}571$ ($\alpha = \pi$) ansteigt, sinkt die Bogenzahl unter Voraussetzung konstanter Krümmung in diesem Bereich. Oberhalb $\delta_k = 0{,}571$ nimmt $\sin \alpha/2$ langsam und nahezu linear ab, so daß die Bogenzahl wieder größer wird. Nun bewegt sich aber die Entkräuselung sowohl bei Fasern als auch bei Texturfäden vorwiegend in einem Bereich, in dem $\sin \alpha/2$ Werte zwischen 0,8 und 1,0 annimmt, also

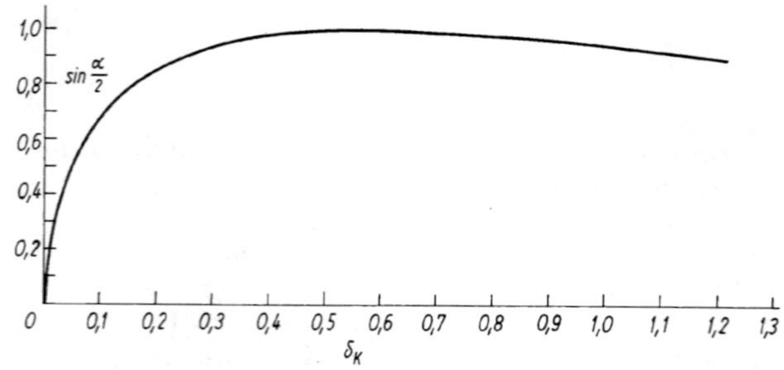


Bild 4. $\sin \alpha/2$ in Abhängigkeit von der Entkräuselung

in erster Näherung konstant ist. Das bedeutet, daß die Bogenzahl im praktisch vorkommenden Fall im wesentlichen von der Krümmung und nur unbedeutend von der Entkräuselung abhängig ist.

Nach (7) ist die Krümmung eine Funktion der Faserlänge im entkräuselten Zustand und damit auch eine Funktion der Entkräuselung. Es erscheint daher interessant, in (14) $K$ durch (7) zu ersetzen. Unter Benutzung der Beziehungen (1) und (16) erhält man nach einigen Umformungen für die Bogenzahl folgenden Ausdruck:

$$z_B = \sqrt{\frac{8\pi\varrho\,\Delta L}{P_{\Delta L}\,Tt\,L_0^2}} \cdot \frac{\sqrt{A_k}}{\alpha}. \qquad (17)$$

Die Bogenzahl läßt sich also auf die Entkräuselungsarbeit und den Kräuselungswinkel zurückführen.

Darüber hinaus ist sie abhängig von der Faserstoffdichte, der Feinheit und der Neigung der Kraft-Dehnungs-Kurve. Wegen des Zusammenhanges zwischen Entkräuselung und Kräuselungswinkel, wie er in Bild 3 dargestellt ist, wird schließlich die Bogenzahl vorwiegend durch die Entkräuselungsarbeit und untergeordnet durch die Entkräuselung bestimmt.

Der Zusammenhang zwischen den behandelten Größen zur Beschreibung der Kräuselungsgeometrie geht anschaulich aus Bild 5 hervor. Von den dargestellten Modellen weisen das linke und das mittlere unterschiedliche Krümmung, aber gleichen Kräuselungswinkel auf. Das heißt also, trotz der unterschiedlichen Kräuselungsform ist die gleiche Entkräuselung vorhanden. Das

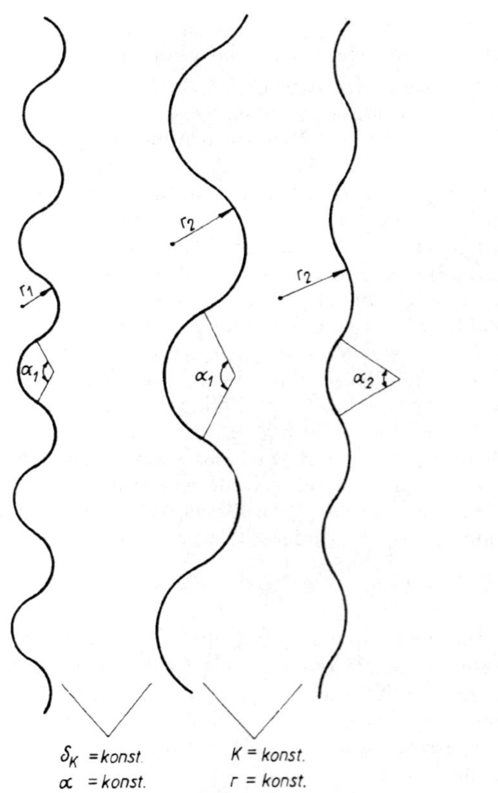


Bild 5. Einfluß der Entkräuselung und der Krümmung auf die Kräuselungsform

Modell mit der größeren Krümmung (kleinerer Krümmungsradius) besitzt eine bedeutend größere Bogenzahl.

Das rechte weist im Vergleich zum mittleren Modell die gleiche Krümmung, jedoch einen geringen Kräuselungswinkel und damit eine geringere Entkräuselung auf. Entsprechend den obigen Darlegungen ist auch zu erkennen, daß sich trotz sehr verschiedener Entkräuselung die Bogenzahl nur gering unterscheidet. Es kommt also deutlich zum Ausdruck, wie es auch zu Beginn dieses Abschnittes anhand der diskutierten Formeln gezeigt wurde, daß die Bogenzahl ganz wesentlich von der Krümmung und nur untergeordnet von der Entkräuselung (Entkräuselungswinkel) bestimmt wird. Auf Grund der diskutierten Zusammenhänge drängt sich die Ansicht auf, daß die Ermittlung der Bogenzahl nicht erforderlich ist, da sie eine von anderen physikalischen Größen abgeleitete Größe ist und keine zusätzliche Information gibt. Daß in der Bogenzahl die Merkmale Krümmung und Entkräuselung zusammengefaßt werden, mag als ein gewisser Vorteil erscheinen. Trotzdem genügt auch die Bogenzahl allein nicht, um die Kräuselungsgeometrie völlig zu beschreiben. Das ist leicht einzusehen, da bei gleicher Bogenzahl eine flachbogige oder hochbogige Kräuselung denkbar ist.

## 5. *Bogenhöhe*

Als weitere Größe zur Beschreibung der Kräuselung bietet sich auf Grund der letzten Betrachtung die Bogenhöhe an. Wie aus Bild 2 zu erkennen, wird unter der Bogenhöhe $h$ die Amplitude der Kräuselung verstanden. Für sie gilt mit den Beziehungen in Bild 2

$$h = r - a. \tag{18}$$

Die Hilfsgröße $a$ läßt sich unter Verwendung der Beziehung

$$\cos\frac{\alpha}{2} = \frac{a}{r} \tag{19}$$

ersetzen, und man erhält für die Bogenhöhe den Ausdruck

$$h = \frac{1 - \cos\frac{\alpha}{2}}{K}. \tag{20}$$

Die Bogenhöhe ist also wie die Bogenzahl eine Funktion des Kräuselungswinkels und der Krümmung. Im Gegensatz zur Bogenzahl ist aber die Krümmung entgegengesetzt proportional zur Bogenhöhe. Der Ausdruck $1 - \cos\alpha/2$ ist als Funktion des Kräuselungswinkels auch wieder eine Funktion der Entkräuselung und in Bild 6 dargestellt.

Mit der Bogenhöhe werden wie bei der Bogenzahl die Merkmale Entkräuselung und Krümmung zu einer Größe zusammengefaßt. Trotzdem genügt auch die Bogenhöhe als Prüfmerkmal zur Beschreibung der Kräuselungsform allein nicht, da der gleiche Wert durch ganz unterschiedliche Kombinationen von Entkräuselung und Krümmung hervorgerufen werden kann. Eine ausreichende Erfassung der Kräuselungsgeometrie ist aber durch Angabe beider Größen, der Bogenhöhe und der Bogenzahl, möglich.

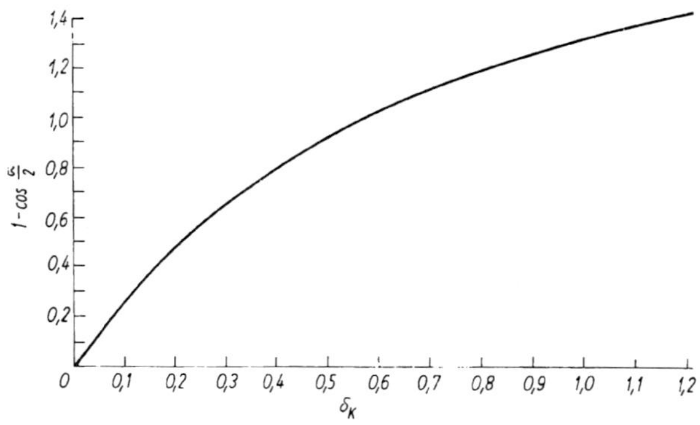


Bild 6. $1 - \cos\alpha/2$ in Abhängigkeit von der Entkräuselung

## 6. *Prüfergebnisse*

Zur praktischen Überprüfung der abgeleiteten Zusammenhänge wurden von verschiedenen Fasern und Elementarfäden aus Texturseiden Entkräuselungskurven aufgenommen und ausgewertet. Die Bestimmung der Bogenzahl durch Auszählen konnte aus den eingangs genannten Gründen nicht in allen Fällen erfolgen. Die Anzahl der Prüflinge je Probe mußte wegen des hohen Zeitaufwandes, mit dem das Planimetrieren und die Auswertung der Kurven verbunden ist, sehr begrenzt bleiben und betrug im Durchschnitt fünfzehn. Als Vorspannung wurde 0,01 p/tex gewählt.

Die Prüfergebnisse sind in Tabelle 1 dargestellt. Sie sollen entsprechend den abgeleiteten Beziehungen einander gegenübergestellt werden. Am interessantesten dürfte die Frage sein, in welchem Maße die durch Auszählen und die durch Auswertung der Entkräuselungskurve ermittelte Bogenzahl übereinstimmen. Beide Größen sind in Bild 7 gegeneinander aufgetragen. Der Zusammenhang ist in Anbetracht der Problematik der Bogenauszählung als recht gut zu bezeichnen. Dieses Ergebnis ist insofern bemerkenswert, als die untersuchten Proben die verschiedensten Kräuselungsformen aufweisen, also nicht auf den theoretischen Modellfall der ebenen, kreisbogenförmigen Kräuselung beschränkt blieben. Ein weiterer ausgeprägter Zusammenhang läßt sich aus Beziehung (14) erwarten. Wie bereits im Abschnitt 4.2 festgestellt und wie aus Bild 4 hervorgeht, kann der Ausdruck $\sin\alpha/2$ oberhalb einer Entkräuselung von etwa 20% als nahezu konstant angesehen werden. Das heißt, daß unter dieser Voraussetzung eine linearer Zusammenhang zwischen Bogenzahl und Krümmung zu erwarten ist. In Bild 8, in dem die Bogenzahl über der Krümmung aufgetragen ist, findet dieser Zusammenhang seine Bestätigung.

Schließlich läßt sich noch eine Näherungsbeziehung zwischen der Bogenzahl und dem Quotienten aus der Entkräuselung und der Bogenhöhe ableiten. Löst man die Beziehungen (14) und (20) nach $K$ auf und setzt sie einander gleich, so erhält man die Gleichung

$$2z_B \sin\frac{\alpha}{2} = \frac{1 - \cos\frac{\alpha}{2}}{h}. \tag{21}$$

*Tabelle 1. Prüfergebnisse*

| Probenbezeichnung | $Tt$ [mtex] | $L_0$ [mm] | $\alpha$ | $\delta_k$ [%] | $K$ [$mm^{-1}$] | $z_B$ [$cm^{-1}$] | $z_{Bz}$ [$cm^{-1}$] | $h$ [mm] | $A_k$ [p · mm] | $R_k$ [p/tex] |
|---|---|---|---|---|---|---|---|---|---|---|
| 1 Bikomponentenseide Nm 400(1), USA | 2674 | 10 | 3,90 | 110,2 | 3,83 | 20,5 | 20,4 | 0,361 | 4,84 | 0,76 |
| 2 Bikomponentenseide Nm 450(1), USA | 2400 | 10 | 3,65 | 89,0 | 6,91 | 35,8 | 39,0 | 0,181 | 8,07 | 1,28 |
| 3 Bikomponentenseide Nm 400(1), USA | 2790 | 10 | 3,00 | 50,2 | 4,25 | 21,4 | 23,0 | 0,216 | 3,42 | 1,01 |
| 4 Bikomponentenseide Nm 200(7), USA | 781 | 10 | 2,70 | 37,2 | 3,90 | 20,1 | 23,0 | 0,195 | 0,40 | 0,71 |
| 5 Bikomponentenseide Nm 450(1) | 2650 | 30 | 1,98 | 18,2 | 0,91 | 5,5 | 6,9 | 0,482 | 0,84 | 0,38 |
| 6 Polyamidseide Nm 450(1), zahnradgekr. Westd. | 2730 | 10 | 1,68 | 12,3 | 2,36 | 16,1 | 17,0 | 0,138 | 0,66 | 0,53 |
| 7 Polyamidseide stauchtextur., schwache Kräuselung | 1752 | 10 | 1,70 | 13,3 | 1,63 | 10,8 | 8,5 | 0,217 | 0,23 | 0,34 |
| 8 Polyamidseide stauchtextur., starke Kräuselung | 1752 | 10 | 2,70 | 37,2 | 4,26 | 21,9 | 25,7 | 0,179 | 1,39 | 0,76 |
| 9 Polyamidseide stauchtextur., schwache Kräuselung | 1565 | 10 | 2,05 | 19,6 | 3,13 | 18,4 | 11,4 | 0,153 | 0,55 | 0,56 |
| 10 Polyamidseide stauchtextur., starke Kräuselung | 1565 | 10 | 3,20 | 59,1 | 6,46 | 32,3 | 34,0 | 0,158 | 2,98 | 1,07 |
| 11 Polyamidseide Nm 20(120) stauchtextur. | 493 | 30 | 1,70 | 12,7 | 6,00 | 40,6 | 37,3 | 0,055 | 0,50 | 0,57 |
| 12 Polyamidseide Nm 6(80) stauchtextur. | 1490 | 30 | 1,83 | 15,0 | 3,15 | 20,1 | 15,2 | 0,120 | 2,44 | 0,81 |
| 13 Polyamidfaser, Westd. | 207 | 10 | 2,73 | 39,4 | 10,41 | 53,4 | 42,0 | 0,076 | 0,14 | 0,66 |
| 14 Polyamidfaser, Westd. | 418 | 10 | 2,43 | 29,7 | 4,64 | 24,7 | 19,0 | 0,141 | 0,13 | 0,49 |
| 15 Viskosefaser | 373 | 30 | 2,83 | 42,8 | 4,06 | 20,6 | — | 0,206 | 0,74 | 1,35 |
| 16 Viskosefaser | 346 | 30 | 1,95 | 17,8 | 1,36 | 8,3 | — | 0,324 | 0,10 | 0,67 |
| 17 Viskosefaser | 335 | 30 | 2,03 | 18,9 | 1,27 | 7,6 | — | 0,354 | 0,10 | 0,61 |
| 18 Viskosefaser, Kammzug | 335 | 30 | 0,78 | 2,4 | 0,86 | 11,5 | — | 0,079 | 0,03 | 0,55 |

Wie oben erläutert, kann sin $\alpha/2$ als nahezu konstant angesehen werden, und der Ausdruck $1 - \cos \alpha/2$ ist nach Bild 6 in erster Näherung proportional der Entkräuselung. Daher ergibt sich aus (21) näherungsweise, daß die Bogenzahl proportional der Entkräuselung und entgegengesetzt proportional der Bogenhöhe ist:

$$z_B \sim \frac{\delta_k}{h}. \qquad (22)$$

Auch diese Beziehung ließ sich im Rahmen der zu erwartenden Genauigkeit bestätigen. In Bild 9 lassen die eingetragenen Punkte einen deutlichen linearen Zusammenhang zwischen der Bogenzahl und dem Quotienten aus Entkräuselung und Bogenhöhe erkennen.

Die dargestellten Korrelationsbilder, denen Faser- und Seidenproben der unterschiedlichsten Kräuselungsform zugrunde liegen, zeigen, daß eine Beschreibung der Kräuselung mit den diskutierten Formeln in befriedigender Weise möglich ist. Man kann daher erwarten, daß die vorausgesetzte Kreisbogenform der Kräuselung als allgemeines Modell Anwendung finden kann. Einen wesentlichen Vorteil bilden dabei die verhältnismäßig einfachen mathematischen Beziehungen, die sich bei der Benutzung dieses Modells ergeben. Demgemäß erhält man bei der Beurteilung der Kräuselungsgeometrie allein aus den Zahlenwerten der genannten Merkmale stets nur eine äquivalente Kreisbogenkräuselung, obwohl in Wirklichkeit eine spiralförmige oder zickzackförmige Kräuselung vorgelegen haben kann. Das muß bei der folgenden Diskussion der in Tabelle 1 wiedergegebenen Prüfergebnisse beachtet werden.

Entsprechend den obigen Ausführungen kommt es auf das „Zusammenspiel" zweier Größen an. Eine extrem hohe Entkräuselung z. B. bietet erfahrungsgemäß durchaus keine Garantie für eine hohe Beständigkeit der Kräuselung. Dagegen lassen sich bei hoher Krümmung und gleichzeitig hoher Entkräuselung wesentlich günstigere Verhältnisse erwarten. Unter diesem Gesichtspunkt sind die Proben 1 bis 4, 8, 10, 13, 14 und 15 als positiv zu bewerten.

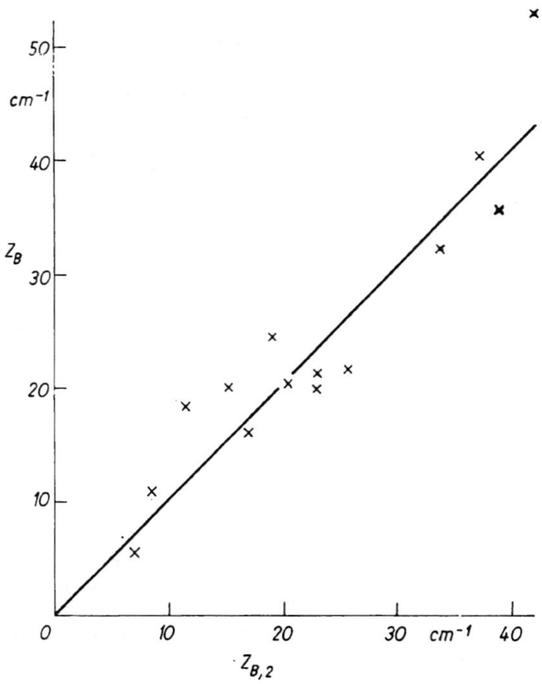


Bild 7. Zusammenhang zwischen der berechneten und der durch Auszählen ermittelten Bogenzahl

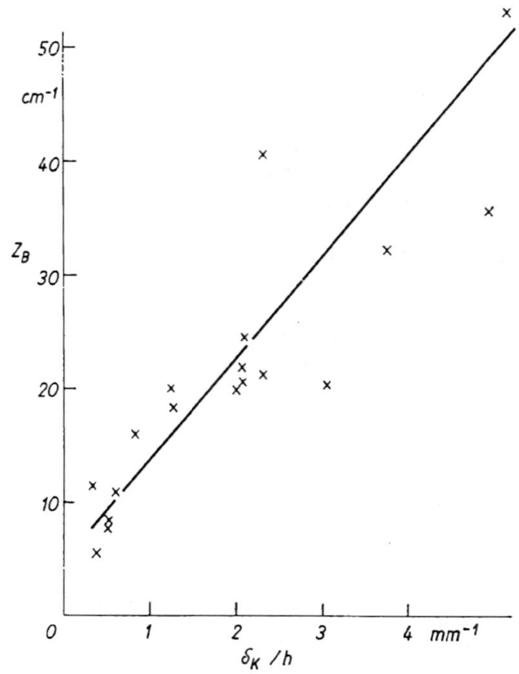


Bild 9. Zusammenhang zwischen Bogenzahl und dem Quotienten aus Entkräuselung und Bogenhöhe

Will man sich ein Modellbild der Kräuselung aus den Zahlenwerten schaffen, so bietet insbesondere die Entkräuselung wenig Anhaltspunkte. Lediglich der oben berechnete Wert von 57%, der einer Kräuselung entspricht, die sich aus Halbkreisbogen zusammensetzt,

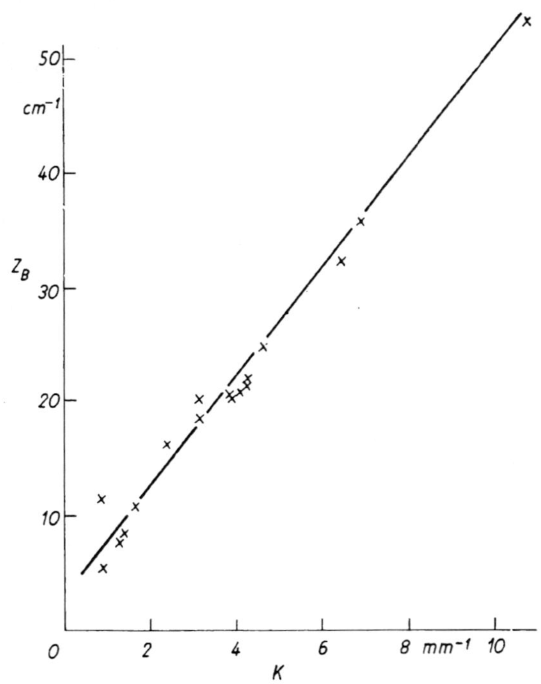


Bild 8. Zusammenhang zwischen Bogenzahl und Krümmung

vermittelt eine Vorstellung über die Kräuselungsform. Es ist in diesem Falle besser, auf den Kräuselungswinkel und auf den Krümmungsradius überzugehen. Mit diesen Größen ist eine Konstruktion des Kräuselungsbildes recht einfach. Unmittelbar anschauliche Größen zur Beschreibung der Kräuselungsform sind dagegen die Bogenzahl und die Bogenhöhe. Entsprechend den obigen Darlegungen wird man eine hohe Bogenzahl bei gleichzeitig nicht geringer Bogenhöhe fordern. Bei Durchsicht der Tabelle 1 findet man wieder die obengenannten Proben, die diese Forderung erfüllen. Dagegen bildet die Probe 11 ein Beispiel für eine flachbogige Kräuselung mit hoher Bogenzahl. Zweifel können bei der Einschätzung der Probe 13 entstehen, die bei extrem hoher Bogenzahl eine geringe Bogenhöhe aufweist. Da jedoch diese Probe eine Entkräuselung von 39,4% besitzt, was einem Kräuselungswinkel von 156° entspricht, muß man sie in die Gruppe der als positiv zu bewertenden Proben einreihen. Selbstverständlich kann eine solche Einschätzung der Kräuselung nicht als strenge Regel betrachtet werden. Im speziellen Fall können durchaus andere Anforderungen an eine Kräuselung gestellt werden, d. h. eine flachbogige Kräuselung kann z. B. für einen bestimmten Verwendungszweck gewünscht sein. Das bei der vorgenommenen Beurteilung gewählte Kriterium sollte auch lediglich dazu dienen, die einzelnen Prüfmerkmale in ihrer Aussage zu beurteilen. Aus dem letzten Beispiel wird klar, daß das mit den Größen Bogenzahl und Bogenhöhe nur unvollkommen möglich ist. Erst die Zuhilfenahme des Kräuselungswinkels brachte eine eindeutige Vorstellung von der Kräuselungsform.

Diese geringe Aussagekraft der Bogenhöhe erklärt sich ganz einfach durch das entgegengesetzt proportionale Zusammenwirken der Krümmung und des Ausdrucks $1 - \cos\alpha/2$ in der Beziehung (20). Dadurch kann sich sowohl bei hoher Krümmung und hoher Entkräuselung als auch bei niedriger Krümmung und niedriger Entkräuselung unter Umständen ein und dieselbe Bogenhöhe ergeben. Damit scheint die eingangs gestellte Frage beantwortbar zu sein: Die Bogenzahl ist keine notwendige Größe zur Beschreibung der Kräuselung. Ob sie eine zweckmäßige Größe ist, hängt von der Art der Prüfung ab. Läßt die Regelmäßigkeit der Kräuselung eine Bestimmung der Bogenzahl durch Auszählen zu, so ist gegen die Verwendung dieses unmittelbar geprüften Merkmals nichts einzuwenden. Keinesfalls sollte aber als zweite notwendige Größe zur vollständigen Beschreibung der Kräuselung die Bogenhöhe Verwendung finden. In der Mehrzahl der Fälle ist dagegen ein Auszählen der Bogen nicht möglich. Dann können die Kräuseleigenschaften nur über die Aufnahme der Kraft-Längenänderungskurve bestimmt werden, und es bieten sich als aussagekräftige Prüfmerkmale die Krümmung und die Entkräuselung an. Aus Gründen der Anschaulichkeit ist außerdem zu empfehlen, ergänzend den Kräuselungswinkel anzugeben.

Schließlich kann auch in den Fällen, in denen die Anzahl der Bogen durch Auszählen ermittelt wurde, nach (14) eine Umrechnung auf die Krümmung erfolgen, wenn zusätzlich die Entkräuselung bestimmt wird. Ob dabei gegebenenfalls ein anderes mathematisches Modell als das hier verwendete gewählt werden muß, ist von Fall zu Fall zu entscheiden.

In Tabelle 1 sind noch zwei weitere Größen angegeben: die für die Berechnung der Krümmung erforderliche Entkräuselungsarbeit $A_k$ und die aus $P_{\Delta L_k}$ aus der Entkräuselungskurve (Bild 1) und der Feinheit rasch zu ermittelnde feinheitsbezogene Entkräuselungskraft $R_k$. Die Annahme, daß eine dieser Größen bei wesentlich geringerem Prüfaufwand eine angenäherte Information über die Kräuselungsform geben könnte, erwies sich als nicht zutreffend. Als Ursache dafür ist anzusehen, daß die für die Kräuselungsform charakteristischste Größe, die Krümmung, — und dasselbe gilt auch für die Bogenzahl — nicht nur durch die Entkräuselungsarbeit und die Entkräuselung bestimmt wird, sondern auch von der Dichte, der Feinheit und dem Anstieg der Kraft-Dehnungskurve abhängig ist. Entkräuselungsarbeit und Entkräuselungskraft können daher allenfalls innerhalb eines Faserstoffes und gebunden an einen engen Feinheitsbereich eine gewisse Information über die Kräuselungsform liefern. Das besagt jedoch nicht, daß diese beiden Größen im Hinblick auf die Verarbeitung und die Beanspruchung im Gebrauch nicht eine beachtliche Bedeutung besitzen können.

## 7. *Zusammenfassung*

Für die umfassende Kennzeichnung der Kräuselungsform genügt ein Prüfmerkmal allein nicht. Selbst unter vereinfachenden Annahmen, die jedoch mit genügender Genauigkeit zulässig sind, sind mindestens zwei Parameter zur Beschreibung der Kräuselungsgeometrie erforderlich. Dafür kommen in Betracht:

1. Die Krümmung und die Entkräuselung oder die gleichwertigen Größen Krümmungsradius und Kräuselungswinkel.
2. Die Bogenzahl und die Bogenhöhe.

Auf Grund der mathematischen Zusammenhänge zwischen den einzelnen Größen, die sich unter Voraussetzung eines aus Kreisbogen gebildeten Kräuselungsmodells ergeben, erscheint es zunächst gleich, welche der genannten Parameter gewählt werden. Die nähere Untersuchung zeigt jedoch, daß den unter 1 genannten Größen der Vorzug vor der Bogenzahl und der Bogenhöhe zu geben ist.

Abschließend dankt der Verfasser Frau *Höhn* und Frau *Baumann* für die verständnisvolle Durchführung der Untersuchungen.

*Literatur*

[1] TGL 142-2014: Prüfung von Chemiefasern, Bestimmung der Kräuselung. Juli 1967.

[2] TGL 142-2057: Prüfung von Texturfäden, Bestimmung der Einkräuselung nach Heißwasserbehandlung. Entwurf August 1968.

[3] TGL 16-667: Prüfung von Fäden, Bestimmung der Kontraktion an Polyamidseide, texturiert nach dem Falschdrahtverfahren. Entwurf Juli 1968.

[4] DIN 53801: Prüfung von Fasern, Gespinsten und Geweben, Mechanisch-technologische Verfahren. Blatt 2, Januar 1937.

[5] *Henkel, H.:* Grundlegende Betrachtungen zur Kräuselungsmessung. Mitt. Inst. Textiltechnol. Chemiefasern, Rudolstadt **6** (1962) 3, S. 151—166.

*Eingegangen am 10. Januar 1969*

**Faserforschung und Textiltechnik 20 (1969) Heft 6**


# Ermittlung der hydrothermischen Beständigkeit von Polyacrylnitrilfasern durch Bestimmung des Umwandlungspunktes zweiter Ordnung

*Wendelin Weiß und Irmgard Müller*

*146. Mitteilung aus dem Institut für Textiltechnologie der Chemiefasern, Rudolstadt-Schwarza (Direktor: Dipl.-Ing. H. Bürger)*

DK 677.494.745.32:677.494.021.5:677.494.021.8
541.124:677.017.222:677.017.42

Es wird eine Methode zur Ermittlung des Umwandlungspunktes zweiter Ordnung an Polyacrylnitrilfasern beschrieben, und die Versuchsergebnisse werden unter Berücksichtigung der Polymerisatzusammensetzung, der Herstellungstechnologie sowie spezieller Nachbehandlungsprozesse des Faserstoffes diskutiert.

*Определение гидротермической устойчивости полиакрилонитрильных волокон путем определения температуры стеклования*

Описан метод определения температуры стеклования полиакрилонитрильных волокон. Полученные результаты обсуждены с учетом состава полимера, технологии формования и специальных отделочных процессов волокна.

*The Hydrothermal Stability of Polyacrylonitrile Fibres as Determined by the Second Order Transition Temperature*

A method is presented for determining the second order transition temperature of polyacrylonitrile fibres. The results are discussed taking into account the polymer composition, processing and after-treatment conditions of the fibres.

## 1. *Einleitung*

Bekanntlich ist das Haupteinsatzgebiet für PVY-Fasern der Obertrikotagensektor. Für diesen Einsatz werden an die PVY-Fasern bestimmte qualitative Anforderungen gestellt, um einen hohen Gebrauchswert und eine entsprechende Repräsentationsgüte des textilen Fertigerzeugnisses zu erzielen. Ein wesentliches Merkmal dafür ist die Formstabilität der verwendeten Faser bzw. des Fertigartikels, insbesondere gegenüber hydrothermischen Bedingungen, wie sie bei Veredlungs- und Waschprozessen angewandt werden. Eine hohe Temperatur-Zug-Empfindlichkeit der Faser in wäßrigen Medien führt zu einer Verringerung der Formstabilität des textilen Zwischen- und Fertigproduktes und damit zur Beeinträchtigung der Gebrauchs- und Repräsentationsgüte des textilen Finalerzeugnisses.

Von den PVY-Fasertypen ist nun bekannt, daß sie bei relativ niedrigen Temperaturen von dem sogenannten „eingefrorenen" in den weichelastischen Zustand übergehen und bei gleichzeitig wirkender mechanischer Beanspruchung stark verformt werden können [1, 2].

Diesen Übergangspunkt eines Polymeren bezeichnet man auch als Umwandlungspunkt zweiter Ordnung. Bestimmt man diesen Umwandlungspunkt zweiter Ordnung mittels Messung des Längenänderungsverhaltens der Faser in Abhängigkeit von der Temperatur, so stellen die hierdurch ermittelten Werte ein Maß für die Temperatur-Zug-Empfindlichkeit der Faser dar und gestatten, wenn man die Messungen in Wasser durchführt, Schlußfolgerungen über das hydrothermische Verhalten bezüglich Formbeständigkeit des textilen Flächengebildes.

Im folgenden werden nun einige Ergebnisse über die Abhängigkeit des Umwandlungspunktes zweiter Ordnung von verschiedenen Faktoren der Faserherstellung und Nachbehandlung mitgeteilt.

## 2. *Versuchsdurchführung und -auswertung*

Die grundsätzliche Versuchsdurchführung geschieht nach den Angaben von *Weiß* und *Kühn* [2]. Zur Erhöhung der Aussagekraft der Meßergebnisse wurde die Einzelfaserprüfung durch ein Kollektivprüfverfahren, die Prüfung eines Faserbündels, ersetzt.

### 2.1. *Versuchsanordnung*

Im Bild 1 ist die Versuchsanordnung dargestellt. Zur Bestimmung der Einfriertemperatur werden ein Doppelmantelgefäß, das über einen Thermostat temperiert wird, mit Einspannvorrichtung für das zu prüfende Faserbündel sowie ein Kathetometer zum Ablesen der in Abhängigkeit von der Temperatur auftretenden Längenänderung des Faserbündels benötigt.

### 2.2. *Versuchsdurchführung*

Das Faserbündel, aus zehn Einzelfasern bestehend und nach dem in der Faserprüfung üblichen Dezimalsystem (TGL 142-2048) vorbereitet, wird in der oberen Klemme der Einspannvorrichtung befestigt, mit einer Vorlast von 1,5 p/tex (≙ bei 0,34 tex und zehn Einzelfasern einer Vorlast von 5 p pro Faserbündel) versehen und in das mit Wasser gefüllte Doppelmantelgefäß eingetaucht. Die Ausgangslänge des Faserbündels wird bei 20 °C mittels Kathetometer bestimmt. Jeweils nach 5 grd Temperaturerhöhung wird

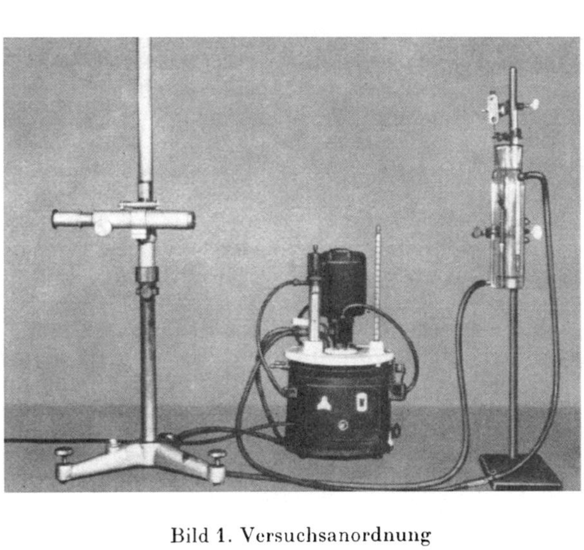

Bild 1. Versuchsanordnung

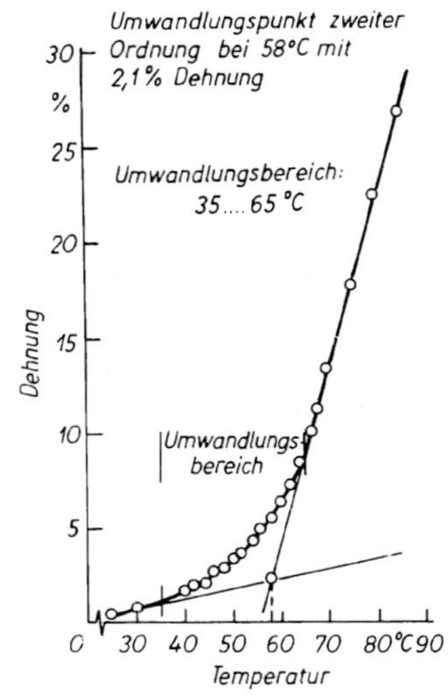


Bild 2. Beispiel einer Versuchsauswertung

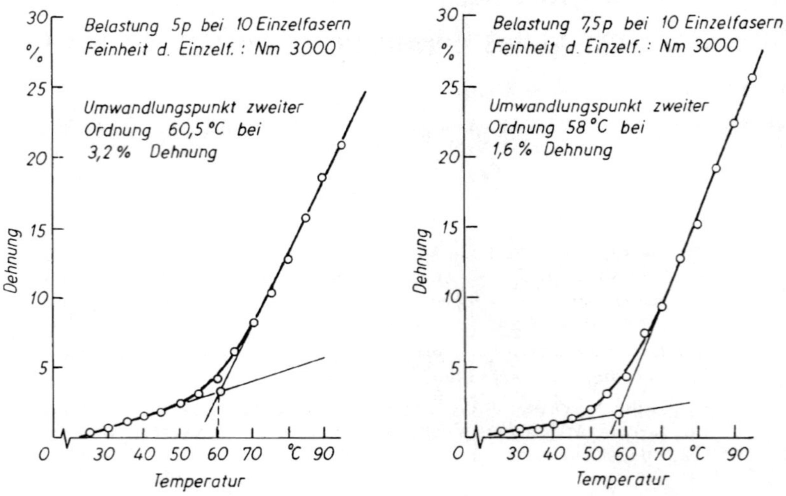


Bild 3. Einfluß der Vorspannkraft der Faserbündel auf die Lage des Umwandlungspunktes zweiter Ordnung

die Länge des Faserbündels erneut gemessen. Im Umwandlungsbereich sollte nach Möglichkeit die Längenänderung jeweils nach 2 grd Temperaturanstieg abgelesen werden. Die Temperatursteigerung soll dabei zweckmäßig 1 grd/min betragen.

Bei 95°C Wassertemperatur wird der Versuch abgebrochen. Allgemein werden für die Bestimmung der Einfriertemperatur $n = 5$ Faserbündel gemessen. Stimmen jedoch der Kurvenverlauf zur Ermittlung des Umwandlungspunktes bzw. der extrapolierte Umwandlungspunkt zweiter Ordnung bei den einzelnen Prüflingen gut überein, so genügt auch ein Stichprobenumfang von $n = 3$.

### 2.3. *Versuchsauswertung*

Die prozentuale Längenänderung ($\Delta L$) des Polyacrylnitrilfaserbündels wird nach folgender Formel berechnet:

$$\Delta L\,[\%] = \frac{L_t - L_{t\,20}}{L_{t\,20}} \cdot 100.$$

Dabei bedeuten:

$L_{t20}$ = Ausgangslänge des Faserbündels bei 20°C,
$L_t$ = Länge des Faserbündels bei der Meßtemperatur $t$ in Grad Celsius.

Für die resultierende Kurve wird das arithmetische Mittel aus $n = 5$ bzw. $n = 3$ Einzelkurven verwendet.

Die Längenänderung (Dehnung) des Faserbündels wird auf der Ordinate und die dazugehörigen Temperaturen auf der Abszisse eines kartesischen Koordinatensystems aufgetragen. Durch Verbinden der Meßpunkte erhält man zwei Geraden, die sich bei einer bestimmten Temperatur schneiden. Wird von diesem Schnittpunkt das Lot auf die Abszisse gefällt, so entspricht die dort ablesbare Temperatur dem Umwandlungspunkt zweiter Ordnung der Faser. Ergibt die Verbindung der Meßpunkte aber eine Kurve mit linearen Abschnitten, so wird der Umwandlungspunkt durch die graphisch extrapolierten Geraden festgelegt, die durch Kurvenbeginn und Kurvenende gegeben werden.

Die Meßpunkte, in denen die extrapolierten Geraden die Kurve berühren, kennzeichnen den Umwandlungsbereich der Faser [2]. Zur genaueren Charakterisierung der Formstabilität ist es zweckmäßig, neben dem Umwandlungspunkt zweiter Ordnung noch die bei diesem Punkt auftretende Längenänderung anzugeben. Das Bild 2 zeigt das Beispiel einer Versuchsauswertung.

## 3. *Versuchsergebnisse und Diskussion*

### 3.1. *Einfluß der Vorspannkraft auf die Lage des Umwandlungspunktes zweiter Ordnung*

Obwohl *Weiß* und *Kühn* [2] bei Einzelfasermessungen keinen Einfluß der Vorlast auf die Lage des Umwandlungspunktes zweiter Ordnung festgestellt hatten, konnte dies bei Anwendung der unter 2.2 beschriebenen Bündelmethode nicht in dieser Absolutheit festgestellt werden.

Wie aus Bild 3 zu ersehen ist, hat die Höhe der Belastung des Faserbündels neben dem Einfluß auf die Neigung der geraden Kurvenabschnitte auch einen geringen Einfluß auf die Lage des Umwandlungspunktes und die dabei auftretende Dehnung des Faserbündels. Durch eine Vielzahl von Untersuchungen hat sich für die Bestimmung des Umwandlungspunktes zweiter Ordnung am Faserbündel die Belastung von 1,5 p/tex als am geeignetsten erwiesen, dadurch ist eine gute graphische Auswertung der Kurven gewährleistet.

Unter Einhaltung der Vorspannkraft von 1,5 p/tex wurden für die Faserfeinheiten von $\leqq$ 0,28 tex bis $\geqq$ 0,88 tex folgende Belastungen festgelegt:

| Faserfeinheit | Belastung (bezogen auf ein Faserbündel mit zehn Einzelfasern) |
|---|---|
| $<$ 0,28 tex | 3 p |
| 0,88 tex bis 0,28 tex | 5 p |
| $>$ 0,88 tex | 7,5 p |

*Tabelle 1. Einfluß der Fasereinheit auf den Umwandlungspunkt zweiter Ordnung*

| Faserfeinheit | Umwandlungspunkt [°C] zweiter Ordnung [1]) | Dehnung % |
|---|---|---|
| 0,34 tex | 61 | 4,4 |
| 0,56 tex | 61 | 3,4 |
| 0,88 tex | 60 | 2,8 |
| 1,7 tex | 60 | 3,4 |

[1]) Vorspannkraft am Faserbündel 1,5 p/tex
Faserbündel = zehn Einzelfasern

### 3.2. *Einfluß der Faserfeinheit auf den Umwandlungspunkt zweiter Ordnung*

In der Tabelle 1 sind die Umwandlungspunkte zweiter Ordnung, ermittelt an einer PVYF-Feinheitsreihe mit konstanter Polymerisatzusammensetzung, zusammengestellt worden. Aus diesen Untersuchungsergebnissen ist unter Berücksichtigung der Genauigkeit der Meßmethode einschließlich der Extrapolation (1 grd Abweichung liegt im Fehlerbereich der Methode) zu erkennen, daß die Faserfeinheit der zu prüfenden Polyacrylnitrilfasern keinen Einfluß auf die Lage des Umwandlungspunktes hat, sondern daß nur erwartungsgemäß die dabei vorhandene Dehnung des Faserbündels verschieden ist.

Es muß jedoch bemerkt werden, daß die Versuchsdurchführung mit PVYF der Feinheit > 0,56 tex bezüglich des Anbringens und Haltens der Vorspannkraft am Faserbündel nicht ohne Schwierigkeiten möglich ist. Es wird deshalb empfohlen, für vergleichende Untersuchungen bzw. Vergleichen zwischen verschiedenen Provenienzen PVYF der Feinheit 0,34 tex zu verwenden.

### 3.3. *Einfluß der Polymerisatzusammensetzung*

Wie aus der Literatur bekannt [1, 2, 3], wird der Umwandlungspunkt zweiter Ordnung durch Veränderung der chemischen Zusammensetzung des Polymeren wesentlich beeinflußt. Je größer der Anteil einer zweiten oder dritten Komponente im Polymeren ist, um so niedriger liegt die Einfriertemperatur.

Ein Einfluß der Molekülkonstitution des Comonomeren auf die Einfriertemperatur konnte dabei nicht beobachtet werden [1].

Aus den in der Tabelle 2 zusammengestellten Ergebnissen kann folgendes abgeleitet werden:

1. Die Höhe des Umwandlungspunktes ist nicht nur von dem Gesamtanteil an Comonomeren abhängig, sondern
   a) von der Konstitution und dem Anteil der Esterkomponente;
   b) bei gleicher Polymerisatzusammensetzung vom Herstellungsverfahren (unterschiedliche Koagulations-, Reck-, Trocknungsbedingungen u. a. bewirken eine Verschiebung des Umwandlungspunktes, der dabei vorhandenen Längenänderung als auch das Vorhandensein eines Umwandlungsbereiches).
2. Die Polymerisatzusammensetzung hat allgemein den größten Einfluß auf die charakteristische Lage des Umwandlungspunktes zweiter Ordnung.
3. Dem Anteil der farbstoffaffinen Komponente kommt in Verbindung mit dem Ester unterschiedliche Bedeutung zu. Teils wird durch Erhöhung der dritten Komponente eine Erniedrigung des Umwandlungspunktes erreicht, wie z. B. mit Vinylacetat als Ester, teils wird kein Einfluß auf dieses Kriterium festgestellt.

*Tabelle 2. Einfluß der Polymerisatzusammensetzung auf den Umwandlungspunkt zweiter Ordnung*

| | Polymerisatzusammensetzung (bezogen auf den Polymeransatz) | | | Umwandlungspunkt zweiter Ordnung | Dehnung | Umwandlungsbereich |
|---|---|---|---|---|---|---|
| | Acrylnitril [%] | Acrylsäuremethylester [%] | farbstoffaffine Komponente [%] | [°C] | [%] | [°C] |
| Verfahren I | 94 | 4 | 2 | 60 | 2,0 | — |
| | 93 | 3 | 4 | 60 | 2,0 | — |
| | 90 | 6 | 4 | 50 | 1,4 | — |
| | Acrylnitril [%] | Vinylacetat [%] | farbstoffaffine Komponente [%] | | | |
| | 90 | 8 | 2 | 60 | 2,9 | — |
| | 88 | 8 | 4 | 57 | 1,6 | — |
| Verfahren II | Acrylnitril [%] | Acrylsäuremethylester [%] | farbstoffaffine Komponente [%] | | | |
| | 93 | 3 | 4 | 61 | 5,2 | 45···67 |
| | 90 | 6 | 4 | 55 | 4,2 | 40···66 |

*Tabelle 3. Einfluß verschiedener Nachbehandlungsbedingungen auf den Umwandlungspunkt zweiter Ordnung*

| Behandlung in | | | Umwandlungspkt. zweiter Ordnung [°C] | | Dehnung [%] | | Umwandlungsbereich [Δ grd] | |
|---|---|---|---|---|---|---|---|---|
| | | | Fasertyp A | Fasertyp B | Fasertyp A | Fasertyp B | Fasertyp A | Fasertyp B |
| (Ausgangsmaterial) | | | 50 | 50 | 3,2 | 5,0 | 30<br>36···66 | 19<br>37···56 |
| Wasser | Temp. | 40 °C | 50,5 | 49,5 | 2,2 | 3,4 | 26<br>40···66 | 24<br>34···58 |
| Wasser | Temp. | 60 °C | 52 | 43 | 1,6 | 2,0 | 17<br>40···57 | 20<br>35···55 |
| Wasser | Temp. | 100 °C | 58 | 54 | 6,0 | 1,7 | 14<br>53···67 | 17<br>33···60 |
| Sattdampf | Temp. | 100 °C | 55 | 50 | 3,0 | 3,4 | 18<br>45···63 | 18<br>40···58 |
| Sattdampf | Temp. | 115 °C | 58 | 52 | 2,8 | 3,4 | 27<br>40···67 | 22<br>37···59 |
| Heißluft | Temp. | 150 °C | 52 | 50 | 2,0 | 3,6 | 23<br>38···61 | 23<br>35···58 |

Anmerkung: bei allen Behandlungen war $t$ = konstant

4. Innerhalb der Polymerisatzusammensetzung üben die Konstitution und der Anteil der Esterkomponente den entscheidenden Einfluß auf die Lage des Umwandlungspunktes zweiter Ordnung aus.

### *3.4. Einfluß verschiedener Nachbehandlungsbedingungen auf den Umwandlungspunkt zweiter Ordnung*

Zwei Polyacrylnitrilfasertypen unterschiedlicher Provenienz wurden unter verschiedenen Bedingungen einer Wasser-, Sattdampf- und Heißluftbehandlung unterzogen und anschließend auf ihr Längenänderungsverhalten in Abhängigkeit von der Temperatur geprüft. In der Tabelle 3 und in Bild 4 sind die erhaltenen Ergebnisse dargestellt. Bei beiden Fasertypen ergaben sich in Abhängigkeit der unterschiedlichen hydrothermischen Nachbehandlungen ganz verschiedene Effekte, deren Ursache in der Polymerisatzusammensetzung, den Koagulationsbedingungen und der Herstellungstechnologie gesucht werden muß. Die Ergebnisse lassen folgende Aussagen zu:

1. Der Umwandlungspunkt zweiter Ordnung des Fasertypes A wird durch jede hydrothermische Nachbehandlung erhöht, wobei die deutlichsten Effekte durch kochendes Wasser bzw. Sattdampf bei 115 °C auftraten. Wassertemperaturen bis 60 °C bzw. eine Heißluftbehandlung von 150 °C haben wenig Einfluß auf die Veränderung des Umwandlungspunktes.
2. Beim Fasertyp B wird insbesondere durch die Wasserbehandlungen unter dem Kochpunkt die Weichmacherwirkung des Wassers spürbar, die sich in einer Erniedrigung des Umwandlungspunktes bemerkbar macht.
   Wasserbehandlungen bei Kochtemperatur bzw. auch eine Sattdampfbehandlung bei 115 °C führen aber ebenfalls zu einer kompakteren Faserstruktur, die wiederum durch einen geringen Anstieg des Umwandlungspunktes spürbar wird.
3. Insbesondere beim Typ A wird durch die Kochwasserbehandlung nicht nur der Umwandlungspunkt zweiter Ordnung erhöht, sondern die Erhöhung der Faserkristallinität bewirkt gleichzeitig eine Verkleinerung des Umwandlungsbereiches, wobei sich der Beginn desselben zur höheren Temperatur hin verlagert hat.
   Gerade dieses Ergebnis ist für die beim praktischen Gebrauch (Veredlung und Wäsche) vorhandene Temperatur-Zug-Beanspruchung von besonderer Wichtigkeit.

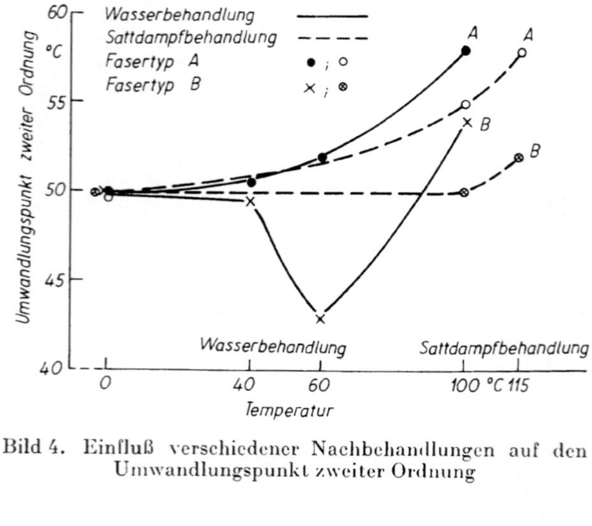


Bild 4. Einfluß verschiedener Nachbehandlungen auf den Umwandlungspunkt zweiter Ordnung

Hydrothermische Nachbehandlungen an PVYF können den Umwandlungspunkt zweiter Ordnung bzw. den Umwandlungsbereich entscheidend verändern, wobei die Ursache in der weichmachenden Wirkung des Wassers bzw. in einer Erhöhung der Faserkristallinität zu suchen sein dürfte. In welchem Umfang der Umwandlungspunkt zweiter Ordnung durch die erwähnten Nachbehandlungen verändert werden kann, hängt von der bereits vorhandenen Faserstruktur ab.

### *3.5. Einfluß verschiedener Herstellungsparameter auf den Umwandlungspunkt zweiter Ordnung*

#### *3.5.1. Einfluß des Feststoffgehaltes*

Aus den Darstellungen des Bildes 5 geht hervor, daß die Faserproben mit dem niedrigeren Feststoffgehalt einen in Abhängigkeit von der Trocknungstemperatur der Fasern bis zu 10 grd höheren Umwandlungspunkt

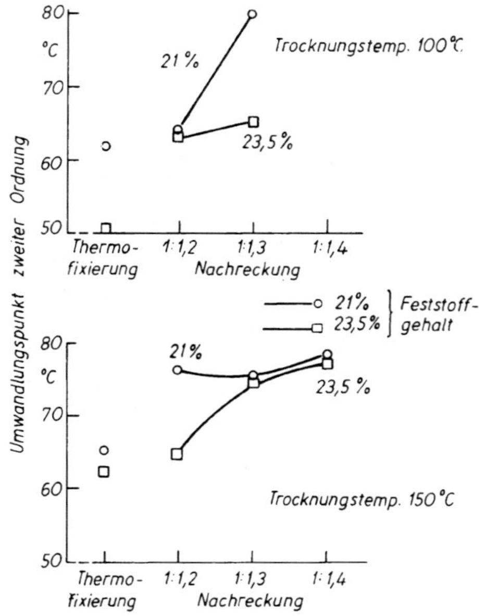


Bild 5. Einfluß des Feststoffgehaltes auf den Umwandlungspunkt zweiter Ordnung

aufweisen. Sehr deutlich ist diese Tendenz bei der niedrigeren Trocknungstemperatur ausgeprägt, während bei der höheren Trocknungstemperatur in Abhängigkeit von dem Nachreckverhältnis diese Unterschiede geringer sind.

*3.5.2. Einfluß der Spinnreckung*

Wie aus dem Bild 6 zu erkennen ist, wird die Lage des Umwandlungspunktes deutlich durch die Spinnreckung verschoben. Unter Berücksichtigung der Polymerisatzusammensetzung des Versuchsmaterials wurde bei dieser Versuchsreihe das Spinnreckverhältnis 1:6,5 als Optimum ermittelt. Die Abhängigkeit des Umwandlungspunktes zweiter Ordnung vom Spinnreckverhältnis läßt sich mit der abnehmenden Molekülkettenbeweglichkeit infolge höherer Ausrichtung derselben erklären.

*3.5.3. Einfluß der Trocknung (Temperatur und Kabelführung)*

Aus dem Bild 7 ist ersichtlich, daß sowohl die Faserproben mit 21,0% als auch 23,5% Feststoffgehalt in

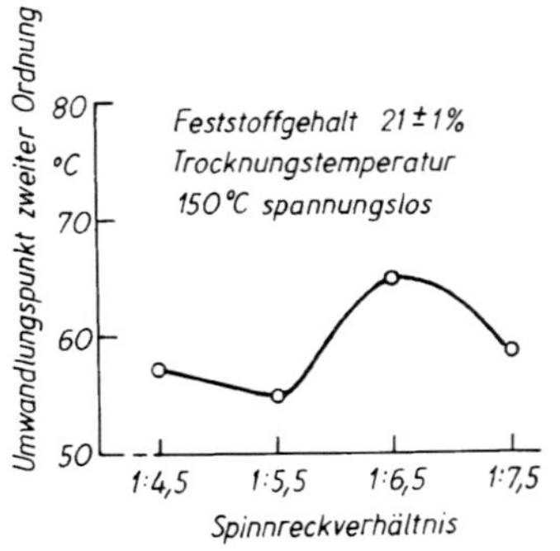


Bild 6. Einfluß des Spinnreckverhältnisses auf den Umwandlungspunkt zweiter Ordnung

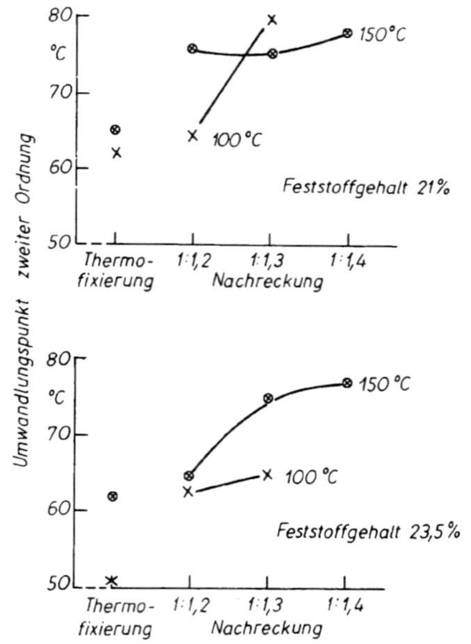


Bild 7. Einfluß der Trocknungstemperatur auf den Umwandlungspunkt zweiter Ordnung

der Spinnlösung bei der höheren Trocknungstemperatur (150°C) auch die höheren Umwandlungstemperaturen zweiter Ordnung unter Berücksichtigung der Nachreckvarianten besitzen. Außerdem ist zu erkennen, daß der Faktor Trocknungstemperatur (bei einer spannungslosen Führung des Faserkabels) im Vergleich zur Nachreckung überwiegt.

Auch durch die Veränderung der Kabelführung beim Trockenprozeß ist es möglich, die Lage des Umwandlungspunktes zweiter Ordnung zu beeinflussen, wie aus dem Bild 8 zu erkennen ist. In Abhängigkeit vom Nachreckverhältnis und unter Beachtung des Einflußfaktors Feststoffgehalt der Spinnlösung besitzt das spannungslos getrocknete Fasermaterial größtenteils eine höhere Umwandlungstemperatur.

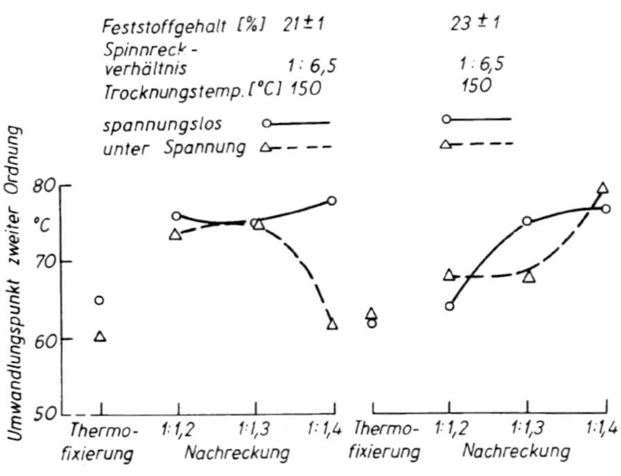


Bild 8. Beeinflussung des Umwandlungspunktes durch die Spannung des Kabels beim Trocknen in Abhängigkeit von der Nachreckung

*Tabelle 4. Einfluß der hydrothermischen Nachbehandlung auf den Umwandlungspunkt zweiter Ordnung nachgereckter Faserproben*

| Herstellungsparamter | | Umwandlungspunkt zweiter Ordnung [°C] (Umwandlungsbereich) | | | | |
|---|---|---|---|---|---|---|
| Festoffgehalt [%] | Spinnreck-verhältnis | Trocknungs-temp. [°C] | Nachreck-verhältnis | Ausgangsstufe | Kochwasser-behandlung[1]) | Sattdampf-behandlung bei 115 °C[1]) |
| 21 | 1:6,5 | 100 | Thermofixierg. | 62 | 77(65—85) | 70(55—83) |
| | | spannungslos | 1:1,3 | 80(—) | | |
| 21 | 1:6,5 | 150 | Thermofixierg. | 65 | 67(50—76) | 75(62—84) |
| | | spannungslos | 1:1,4 | 78(—) | | |
| 23,5 | 1:6,5 | 150 | Thermofixierg. | 63 | 71(55—85) | 67(55—75) |
| | | unter Spannung | 1:1,4 | 80(—) | | |

[1]) einmalige Behandlung bei konstanter Zeit

*3.5.4. Einfluß der Nachreckung*

Wie aus den Bildern 5, 7 und 8 (spannungslose Trocknung) zu erkennen ist, wird durch die Nachreckung und die damit durch erhöhte Molekülkettenorientierung verursachte geringere Beweglichkeit innerhalb derselben bei Zuführung von Wärmeenergie eine Erhöhung der Umwandlungstemperatur zweiter Ordnung hervorgerufen. Auch die unter Spannung getrockneten Faserproben lassen, wie im Bild 8 zu sehen ist, den Einfluß der Nachreckung erkennen. Jedoch ist teilweise eine umgekehrte Tendenz vorhanden.

Ähnlich dem durch die Nachreckung eines Faserkabels erzielbaren, nichtfixierten Schrumpfvermögen, das durch nachfolgende hydrothermische Behandlungen rückgängig gemacht werden kann, ist es auch möglich, die durch die Nachreckung aufgetretenen erhöhten Umwandlungstemperaturen zweiter Ordnung nachträglich wieder zu verringern, ohne daß jedoch der relativ niedrige Ausgangszustand wieder erreicht wird. Diese Ergebnisse sind in der Tabelle 4 zusammengefaßt worden.

Durch diese nachfolgend durchgeführten Wasser- bzw. Sattdampfbehandlungen tritt eine Desorientierung der Molekülketten ein, die innerhalb derselben eine größere Beweglichkeit ermöglichen und deren Ergebnis eine niedrigere Umwandlungstemperatur zweiter Ordnung ist.

Zusammenfassend ist festzustellen, daß der Feststoffgehalt, die Spinnreckung und die Trocknung (Temperatur einschließlich Kabelführung) als auch teilweise die Nachreckung die Fixierung des Umwandlungspunktes zweiter Ordnung entscheidend beeinflussen.

*Tabelle 5. Umwandlungspunkt zweiter Ordnung verschiedener PVYF-Typen*

| PVYF-Typen | | | Umwandlungspunkt zweiter Ordnung [°C] | | |
|---|---|---|---|---|---|
| Fasertyp | Kennzeichnung | Spinnverfahren | Umwandlungspkt. zweiter Ordnung [°C] | Dehnung [%] | Umwandlungs-bereich [°C] |
| PVY-Fasern | | | | | |
| ACRILAN 16 | 0,34 tex | naß | 56 | 2,5 | 40···63 |
| ACRYBEL | 0,34 tex | naß | 63 | 2,4 | 45···67 |
| COURTELLE | 0,34 tex | naß | 62 | 2,1 | 40···70 |
| | Standard-Tops | | | | |
| DOLAN | 0,34 tex | naß | 51 | 2,0 | 40···58 |
| DRALON | 0,34 tex | trocken | 45 | 2,0 | 35···50 |
| EXLAN | 0,34 tex | naß | 58 | 3,2 | 47···62 |
| LEACRIL 16 | 0,34 tex | naß | 55 | 4,0 | 43···62 |
| REDON-F | 0,34 tex | trocken | 51 | 3,7 | 38···58 |
| TORAYLON | 0,34 tex | naß | 71 | 5,6 | 58···75 |
| VONNEL | 0,34 tex | naß | 56 | 2,0 | 41···59 |
| | Standard-Tops | | | | |
| WOLPRYLA 65 | 0,34 tex | naß | 61 | 2,5 | 52···70 |
| Modacryl-Fasern | | | | | |
| DYNEL | 0,34 tex | naß | 68 | 1,6 | 50···73 |
| KANNEKALON KD | 0,34 tex | naß | 85 | 2,6 | 40···65 |

### *3.6. Der Umwandlungspunkt zweiter Ordnung verschiedener Polyacrylnitril- und Modacrylfasertypen*

In der Tabelle 5 sind die Umwandlungstemperaturen zweiter Ordnung verschiedener, uns zugänglich gewesener Polyacrylnitrilfaser-Provenienzen zusammengestellt worden.

Diese Tabelle soll einen Überblick über die Umwandlungstemperaturen zweiter Ordnung sowie die dabei vorhandenen Umwandlungsbereiche häufig verwendeter PVY-Fasertypen geben.

Unter Beachtung der unbekannten Parameter Polymerisatzusammensetzung und Herstellungstechnologie der aufgeführten PVYF-Typen kann abgeleitet werden, daß insbesondere die nach dem Trockenspinnverfahren erzeugten PVYF einen Umwandlungspunkt zweiter Ordnung $< 55\,°C$ besitzen und mit Ausnahme des Fasertypes DOLAN derselbe bei allen übrigen naßgesponnenen PVYF oberhalb 55 °C liegt. Eine Reihe von Polyacrylnitrilfasern besitzt innerhalb dieser Faserstoffklasse eine relativ hohe Umwandlungstemperatur zweiter Ordnung $> 60\,°C$, wie z. B. TORAYLON, WOLPRYLA 65, ACRYBEL und COURTELLE. Neben der extrapolierten Umwandlungstemperatur hat aber auch der Umwandlungsbereich, insbesondere der untere Punkt desselben, für alle Naßbehandlungen eine besondere Bedeutung. Unter diesem Gesichtspunkt sind trotz des relativ hohen Umwandlungspunktes die Fasertypen ACRILAN, COURTELLE, DOLAN und DRALON sowie REDON F und auch VONNEL dem Einfluß hydrothermischer Beanspruchung leichter zugänglich. Die unterschiedlichen Umwandlungstemperaturen der Modacrylfasern haben ihre Ursache doch mehr oder weniger in der Polymerisatzusammensetzung, da z. B. bei der DYNEL-Faser im Gegensatz zu KANEKALON KD der Vinylchlorid-Anteil (60%) überwiegt.

## *4. Zusammenfassung*

Der Umwandlungspunkt zweiter Ordnung als Maß der Temperatur-Zug-Empfindlichkeit von Polyacrylnitrilfasern wurde untersucht und seine Abhängigkeit von der Polymerisatzusammensetzung, der Herstellungstechnologie des Faserstoffs sowie spezieller Nachbehandlungsprozesse ermittelt. Es konnte bewiesen werden, daß dieses Faserstoffcharakteristikum doch weitgehende Rückschlüsse über das hydrothermische Verhalten der Polyacrylnitrilfasern gestattet.

Die Lage des Umwandlungspunktes zweiter Ordnung wird, abgesehen von der Versuchsbedingung, wie z. B. der Vorspannkraft, der Rangfolge entsprechend, von den Parametern

1. Polymerisatzusammensetzung,
2. Feststoffgehalt,
3. Spinnreckung,
4. Trocknungstemperatur

sowie teilweise durch die dabei vorhandene Spannung des Faserkabels hauptsächlich und in geringerem Umfang auch durch

5. die Nachreckung

maßgeblich im Herstellungsprozeß geprägt und kann durch weitere, nachfolgende hydrothermische Behandlungen weiter erhöht werden.

### *Literatur*

[1] *Ulbricht, J.*, und *Tscho, S.-D.:* Acrylfasern aus Lösungscopolymerisaten. Teil III. Färberische Eigenschaften, Einfriertemperatur und thermische Verfärbung der Fasern. Faserforsch. u. Textiltechnik **13** (1962) 12, S. 564—570.

[2] *Weiß, W.*, und *Kühn, H. K.:* Zum thermischen Verhalten von Polyacrylnitril-Faserstoffen. Mitt. Inst. Textiltechnol. Chemiefasern Rudolstadt **7** (1963) 3, S. 132—137.

[3] *Krause, S., Gormley, J., Roman, N., Shetter, J. A.*, und *Warren, H.:* Glass temperatures of some acrylic polymers. J. Polymer Sci. **13** (1965) 10, S. 3573—3586.

*Eingegangen am 10. Januar 1969*

# Dickstellen in gereckter Polyamidseide und ihre Entstehungsursachen

## Teil 1: Das Erscheinungsbild der Dickstellen und die Theorie ihrer Entstehungsmöglichkeiten

*Heinz Dittmann, Horst Henkel, Siegfried Kaufmann, Otto Lochmüller*
*Institut für Textiltechnologie der Chemiefasern, Rudolstadt-Schwarza*
*und Heinz Richter*
*VEB Chemiefaserkombinat Wilhelm-Pieck-Stadt Guben*

*126. Mitteilung aus dem Institut für Textiltechnologie der Chemiefasern, Rudolstadt-Schwarza (Direktor Dipl.-Ing. H. Bürger) unter Mitarbeit des VEB Chemiefaserkombinat Wilhelm-Pieck-Stadt Guben*

DK 677.494.675:677.494.061.38:677.017.224:677.017.428
535.55:628.853

Aus dem Erscheinungsbild der untersuchten Dickstellen (*T*-Masern), besonders aus dem Verlauf der Doppelbrechung in Abhängigkeit vom Fadendurchmesser, wurde als Entstehungsort das Streckfeld erkannt. Aus einer Analyse des Reckvorganges ergaben sich als Entstehungsursache von *T*-Masern Schwankungen im Kraft-Dehnungs-Verhalten längs des Fadens, die unter Produktionsbedingungen im wesentlichen durch Feuchteunterschiede verursacht werden. Der Bildungsmechanismus der *T*-Masern wird an einem Modellversuch demonstriert.

*Утолщения в вытянутой полиамидной филаментной нити и причины их образования*

*Часть 1-я: Внешний бид утолщений и теория возможностей их образования*

На основании результатов исследования внешнего вида утолщений (наплывов), в частности, изменения показателя двойного лучепреломления в зависимости от диаметра нити, установлено, что местом образования является зона вытягивания. Исходя из анализа процесса вытягивания как причины образования наплывов найдены колебания деформационных свойств по длине нити, обусловленные в производственных условиях, в основном, различиями влажности. Механизм образования наплывов продемонстирован в модельных условиях.

*Thickenings of Drawn Polyamide Filament Yarns and Their Causes.*

*Part 1. Appearance of the Thickenings and Theory of their Formation*

The appearance of thickenings (neps) in polyamide filament yarns, particularly the change in birefrigence with the filament diameter, proved them to be formed in the drawing process. An investigation of the drawing process revealed that the neps are caused by variations in the stretch-strain behaviour along the filament, which, on industrial scale, can be attributed to changes in humidity. The mechanism of nep formation is demonstrated by a model experiment.

### 1. *Einleitung*

In den produktionsmäßig hergestellten, gereckten Polyamidseiden treten häufig Dickstellen von einigen Millimeter bis einigen Zentimeter Länge auf. Textile Flächengebilde, die aus Seiden mit derartigen Dickstellen hergestellt sind, zeigen, besonders nach dem Färben, ein „masernkrankes" Aussehen.

Man bezeichnet deshalb diese Dickstellen auch als Masern. Dieser Ausdruck soll wegen seiner Popularität auch in der vorliegenden Arbeit verwendet werden.

In der Produktionspraxis unterscheidet man sogenannte Spinnmasern (*S*-Masern) und Textilmasern (*T*-Masern) [1]. Die *S*-Masern sind kurze Dickstellen von einigen mm Länge. Sie treten in der Regel nur in jeweils einem Elementarfaden der polyfilen Fäden auf und lassen sich nicht oder nur teilweise nachrecken. Die *T*-Masern sind in der Regel Dickstellen von einigen cm Länge, die gleichzeitig in allen Elementarfäden der polyfilen Seide auftreten und sich leicht nachrecken lassen. Die *T*-Masern zeigen auch keine Einschlüsse von Fremdsubstanzen oder stark verändertem Polyamid, wie das bei *S*-Masern häufig der Fall ist.

Die folgenden Untersuchungen sind speziell auf die Klärung der Entstehungsursachen von *T*-Masern ausgerichtet. Über die umfangreichen theoretischen und experimentellen Ergebnisse aus diesen Untersuchungen soll in fünf Teilen berichtet werden.

### 2. *Das Erscheinungsbild der T-Masern*

*T*-Masern treten sowohl an polyfilen als auch an monofilen Seiden als Dickstellen von 2 bis 8 cm Länge auf. Um genauere Informationen über die Geometrie dieser Verdickungen zu erhalten, wurde der Durchmesserverlauf der einzelnen Elementarfäden längs zahlreicher *T*-Masern mikroskopisch bestimmt. Die Durchmesser liegen stets zwischen dem des ungereckten und des normalgereckten Fadens. Der Durchmesserverlauf ist in der Regel nicht monoton, sondern zeigt eine Feinstruktur in Form eines Haupt- und mehrerer Nebenmaxima. Gesetzmäßigkeiten für diese Feinstruktur waren aus dem Untersuchungsmaterial nicht zu erkennen. Bild 1 zeigt das Meßergebnis an einem Elementarfaden einer Polyamidseide 4,4 tex (9) Nm 225 (9).

Das geometrische Erscheinungsbild der *T*-Masern gestattet noch keine Aussage über ihre Entstehung.

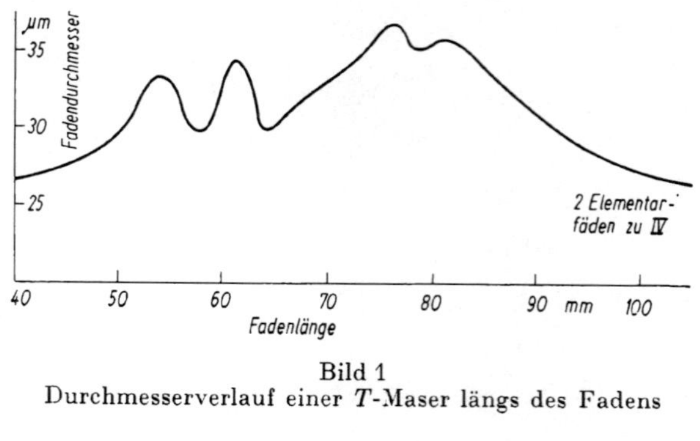


Bild 1
Durchmesserverlauf einer *T*-Maser längs des Fadens

Durch Doppelbrechungsmessungen längs des Fadens im Bereich der $T$-Masern ist es jedoch über eine Beziehung von *de Vries* [2] möglich zu entscheiden, ob die $T$-Maser aus dem gleichmäßigen ungestreckten Faden durch kurzzeitiges Aussetzen des Reckvorganges entsteht, oder ob sie bereits im nichtgereckten Faden als Dickstelle vorgezeichnet ist.

Nach dieser Beziehung von *de Vries* besteht zwischen der Doppelbrechung $\Delta n$, dem Durchmesser $D_{iso}$ des ungereckten Fadens und dem Durchmesser $D$ des beliebig stark gereckten Fadens die Beziehung

$$\Delta n = \frac{m}{p}\left[\left(\frac{D_{iso}}{D}\right)^{2p} - 1\right]; \tag{1}$$

$m$ und $p$ sind Stoffkonstanten. Für Polyamidseide gilt nach *de Vries* [2] in guter Näherung $p = -1/2$. Mit diesem Wert für $p$ geht die Gleichung (1) in die einfache Form

$$\Delta n = 2m\left[1 - \frac{D}{D_{iso}}\right] \tag{2}$$

über.

Wenn die Doppelbrechung längs der $T$-Maser entsprechend der Beziehung (2) linear vom Fadendurchmesser abhängt, so ist diese Verdickung durch kurzzeitiges Aussetzen des Reckens am gleichmäßigen ungereckten Faden entstanden. Dieser lineare Zusammenhang wurde bei allen $T$-Masern gefunden. Bild 2 zeigt die Meßergebnisse für den in Bild 1 gezeigten Durchmesserverlauf.

Analoge Untersuchungen an $S$-Masern ergaben keinen linearen Zusammenhang zwischen der Doppelbrechung und dem Durchmesser. Die $S$-Masern müssen also bereits im ungereckten Faden als Dickstellen vorhanden bzw. vorher durch Fremdeinschlüsse in ihren optischen Eigenschaften örtlich verändert sein.

Auf Grund dieser Ergebnisse ist es notwendig, den Reckvorgang bezüglich der Entstehungsmöglichkeiten von $T$-Masern näher zu analysieren.

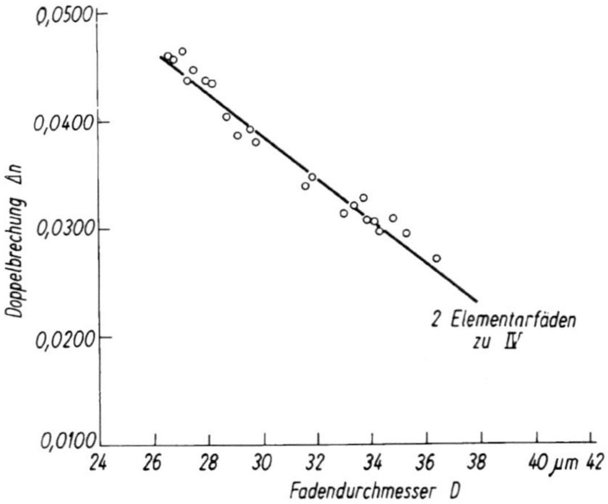


Bild 2. Beispiel für die lineare Abhängigkeit der Doppelbrechung $\Delta n$ vom Fadendurchmesser $D$ im Bereich einer $T$-Maser

### 3. *Analyse des Reckprozesses hinsichtlich der T-Masern-Entstehung*

Bei Betrachtungen über den Reckvorgang unterscheidet man einen homogenen und einen inhomogenen Ablauf. Das homogene Recken ist dadurch gekennzeichnet, daß die Durchmesserverringerung der Elementarfäden längs des Umschlingungsweges auf der Gummiwalze stattfindet und der Faden beim Eintritt ins Streckfeld bereits den Enddurchmesser aufweist. Den für ein homogenes Recken notwendigen Kraftgradienten erklären *Marshall* und *Thompson* [3] durch die Seilreibung auf der Gummiwalze. Bei dem inhomogenen Recken findet die wesentliche Verminderung des Durchmessers im Streckfeld statt, wobei eine mehr oder weniger ausgeprägte Schulter auftritt. Die Entstehung der Schulter kann man sich durch örtliche Erwärmung (Wärmeaktivierung) oder zeitliche Änderung des Fließwiderstandes (Spannungsaktivierung) erklären.

Sowohl bei homogenem als auch bei inhomogenem Recken können $T$-Masern entstehen, wenn Unregelmäßigkeiten im Zu- oder Ablauf des Fadens eintreten (z. B. Schlupferscheinungen). Unter der Voraussetzung einer einwandfreien Zu- und Abführung des Fadens können bei homogenem Recken $T$-Masern durch plötzliche Veränderungen im Kraft-Dehnungs-Verhalten der ungereckten Seide oder Reibungsverhalten auf der Gummiwalze entstehen. Bei inhomogenem Recken sind Veränderungen im Kraft-Dehnungs-Verhalten für die $T$-Masern-Bildung allein maßgebend.

Eine Entscheidung über das Vorliegen eines homogenen oder inhomogenen Reckens kann getroffen werden, wenn man den Durchmesserverlauf des Fadens im Streckfeld verfolgt. Für diese Messungen wurde ein Mikroskop mit der Achse horizontal auf einem Stativ befestigt und mit einer geeigneten Fadenführung versehen. Wie Bild 3 zeigt, bildet sich im Streckfeld eine ausgeprägte Schulter aus. Dies bedeutet ein inhomogenes Recken.

Die weiteren Betrachtungen für den Fall einer gleichmäßigen Zu- und Abführung des Fadens beim Recken können deshalb auf Veränderungen im Kraft-Dehnungs-Verhalten beschränkt werden.

Geht man davon aus, daß längs des Fadens sprunghafte Änderungen im $K$-$D$-Verhalten vorkommes, so kann man nachstehende Fälle unterscheiden:

a) Auf ein Fadenstück, das zu seiner Reckung auf das eingestellte Reckverhältnis eine Reckkraft $p_1$ benötigt, folgt ein Fadenstück, zu dessen Reckung die Kraft $p_2 < p_1$ erforderlich ist.
b) Auf ein Fadenstück, das zu seiner Reckung die Reckkraft $p_2$ benötigt, folgt ein Fadenstück, zu dessen Reckung die Kraft $p_1 > p_2$ erforderlich ist.

Im ersten Fall wird sich beim Eintritt des „weichen" Materials in das Streckfeld die Schulter sofort in dieses Material verlagern. Zwischen dem alten und dem neuen Schulteransatz bleibt so eine teil- oder ungereckte Stelle zurück.

Im zweiten Fall wird beim Eintritt des „härteren" Materials in die Reckzone der inhomogene Reckvorgang unterbrochen. Die Fadenbelastung im Reckfeld steigt an und führt so zu einer zeitweiligen homogenen

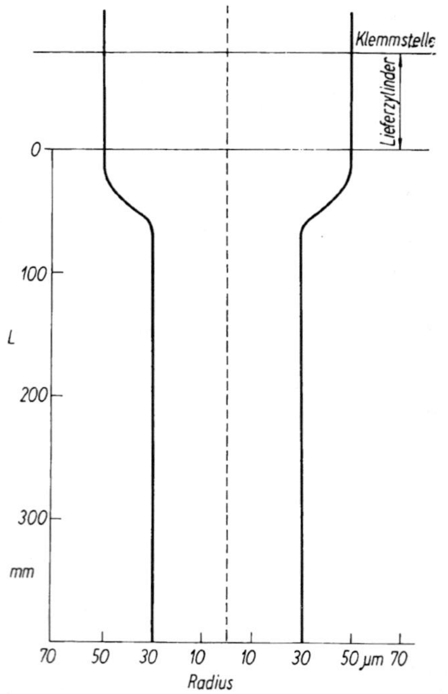


Bild 3. Der Durchmesserverlauf eines monofilen Polyamidfadens im Streckfeld

Dehnung. Erst wenn die Kraft auf $p_1$ gestiegen ist, erfolgt die Reckung des „harten" Materials wieder inhomogen. Eine *T*-Maser kann bei diesem Vorgang nicht entstehen. Es ist lediglich eine Titerschwankung entsprechend der Überdehnung des bereits gereckten Fadenstückes zu erwarten.

Die Voraussetzung eines scharfen Überganges zwischen „hartem" und „weichem" Material ist in der Praxis meist nicht erfüllt. Die Vorgänge laufen jedoch im Prinzip so lange in der beschriebenen Weise ab, wie die Übergänge noch in der Größenordnung der Streckfeldweite liegen. Die Geometrie der Masern hängt von der Verteilung der *K-D*-Eigenschaften längs des Fadens ab.

Das *K-D*-Verhalten des ungereckten Fadens hängt von der Feinstruktur, dem Gehalt an weichmachenden Stoffen (Wasser, Lactam-Präparation) und dem Fadenquerschnitt ab. Über quantitative Zusammenhänge wird später noch ausführlich berichtet.

Da nach den obigen Ausführungen die *T*-Masernentstehung von Übergängen der genannten Art abhängt, wobei die Übergangslänge zwischen hartem und weichem Material kleiner oder höchstens gleich der Streckfeldlänge sein darf, muß der Produktionsprozeß auf derartige Entstehungsursachen hin betrachtet werden. Es ist jedoch zu beachten, daß auch der Mittelwert der Eigenschaften insofern eine Rolle spielt, als die Gefahr der *T*-Masern-Bildung hierdurch begünstigt oder verringert werden kann.

Eine eingehende Betrachtung des Produktionsprozesses ergab, daß kurze Inhomogenitäten im wesentlichen nur durch Änderungen im Feuchtegehalt des Fadens und den eventuell hierdurch bedingten irreversiblen Strukturänderungen bedingt sein können.

Derartige Feuchteänderungen längs des Fadens entstehen besonders dann, wenn zwischen den Spinnspulen und der sie umgebenden Luft ein Wasseraustausch stattfindet.

Dieser Austausch tritt ein, wenn der Wasserdampfdruck in der Luft von dem in der Spinnspule verschieden ist. Hierdurch entstehen, entsprechend den Diffusionsgesetzen, im Wickelkörper der Spinnspule Konzentrationsunterschiede. Längs des Fadens treten besonders an den Stirnflächen des Spulenwickels starke Konzentrationsänderungen auf. Über theoretische und experimentelle Untersuchungen hinsichtlich des Wasserhaushaltes der Spinnspulen sowie des Einflusses des Feuchtegehaltes auf das *K-D*-Verhalten und die irreversiblen Strukturveränderungen wird in den folgenden Teilen dieser Arbeit noch ausführlich berichtet.

### *4. Zwei grundlegende Modellversuche*

Die bisherigen Überlegungen führten zu dem Schluß, daß vom theoretischen Standpunkt aus im wesentlichen zwei Ursachen für die *T*-Masern-Entstehung in Frage kommen:

a) Unregelmäßigkeiten beim Zulauf des Fadens ins Streckfeld,
b) Feuchteschwankungen bzw. durch diese verursachte Strukturunterschiede längs des Fadens.

In den folgenden Modellversuchen sollen diese möglichen Einflußfaktoren unter extremen Bedingungen überprüft werden.

#### *4.1. Unregelmäßigkeiten beim Zulauf des Fadens*

Der Zulauf des Fadens ins Streckfeld erfolgt über eine Gummiwalze, die von einem Lieferzylinder angetrieben wird. Unregelmäßigkeiten im Fadenzulauf können durch fehlerhafte Beschaffenheit der Gummiwalzen oder stark verringerte Haftreibung des Fadens durch Schlupferscheinungen entstehen. Folgende extreme Veränderungen gegenüber dem normalen Reckablauf wurden untersucht:

a) Gummiwalze auf der einen Hälfte um ca. 1 mm im Durchmesser verringert;
b) Gummiwalze exzentrisch gemacht (Durchmesserverhältnis 22:27);
c) Periodische starke Präparierung des einlaufenden Fadens.

Trotz dieser extremen Veränderungen traten in keinem Fall *T*-Masern auf. Selbst die *USTER*-Gleichmäßigkeit war gegenüber dem normalen Reckablauf nicht verschlechtert. Unregelmäßigkeiten im Fadenzulauf in Ausmaßen, wie sie in der Produktion auftreten, kommen deshalb als Entstehungsursache von *T*-Masern nicht in Betracht.

#### *4.2. Feuchteschwankungen längs des Fadens*

Zwei Spinnspulen wurden in einem axialen Streifen von etwa 10 cm Breite mit einer wäßrigen Farbstofflösung bestrichen (vgl. Bild 4). Die erste Spule wurde 30 min und die zweite Spule 4 Tage nach dem Bestreichen gereckt. Die Lagerung erfolgte im Norm-

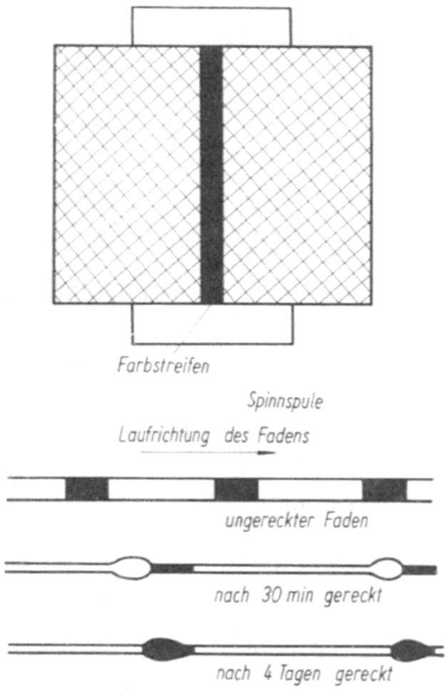


Bild 4. Schematische Darstellung des in Abschnitt 4.2 beschriebenen Modellversuches

klima (65% rel. Luftfeuchte, 20°C). Die ungereckte Seide der ersten Spule zeigte periodische $T$-Masern im Abstand von 1,5 m entsprechend dem Spulenumfang. Die Verdickungen wiesen im USTER-Diagramm eine Abweichung von 120% auf. In den Wirkstücken, die aus dieser Seide hergestellt wurden, waren viele $T$-Masern zu sehen, die auf Grund ihrer Periodizität längs des Fadens eine moiréartige Musterung erzeugten. In Übereinstimmung mit den theoretischen Erörterungen in Abschnitt 3 lagen die Masern vor den gefärbten (weichen) Stellen (s. Bild 3).

Die gereckte Seide der zweiten Spule ergab ebenfalls periodische $T$-Masern mit einer Abweichung von etwa 100% im Abstand von 1,5 m, obwohl sich die Konzentrationsunterschiede in der Feuchte ausgeglichen hatten. Die $T$-Masern lagen jedoch diesmal im Bereich der angefärbten Fadenstücke (s. Bild 3). Dieser Sachverhalt entspricht aber ebenfalls den theoretischen Erörterungen in Abschnitt 3, wenn man annimmt, daß die gefärbten Fadenstücke durch die zeitweilige Einwirkung der erhöhten Feuchte härter geworden sind. Die Annahme einer Härtung konnte tatsächlich durch Mikrohärtemessungen, über die in Teil 2 dieser Arbeit berichtet wird, bestätigt werden. Diese Härtung läßt sich durch eine Erhöhung des Ordnungszustandes infolge der weichmachenden Wirkung des Wassers verstehen.

Die Ergebnisse dieser beiden grundlegenden Modellversuche zeichnen den weiteren Weg für die Erforschung der Entstehungsursachen von $T$-Masern klar vor. In weiteren Modellversuchen müssen zunächst quantitative Zusammenhänge zwischen dem Feuchtegehalt, der Nachhärtung und der $T$-Masern-Bildung erarbeitet werden. Die Anwendung dieser Erkenntnisse zur Beseitigung der $T$-Masern in der Produktion erfordert noch eine Analyse über den Wasserhaushalt der Spinnspule. Den Abschluß müssen Versuche unter Produktionsbedingungen bilden.

*Literatur*

[1] *Natus, D.*, und *Sauer, H.:* Beschreibung von Prüfverfahren bei der Perlonseidenherstellung. Faserforsch. u. Textiltechnik **8** (1957) 4, S. 150—159.

[2] *Vries, H. de:* The relation between birefringence and draw ratio of man-made fibers. J. Polymer Sci. **34** (1959) 127, S. 761—778.

[3] *Marshall, J.*, und *Thompson, A. B.:* The drawing of terylene. J. appl. Chem. (1954) 4, S. 145—153.

*Eingegangen am 10. Januar 1969*

# Dickstellen in gereckter Polyamidseide und ihre Entstehungsursachen

## Teil 2: Theorie und Modellversuche[1])

*Heinz Dittmann, Horst Henkel, Siegfried Kaufmann, Otto Lochmüller*
*Institut für Textiltechnologie der Chemiefasern, Rudolstadt-Schwarza*
*und Heinz Richter*
*VEB Chemiefaserkombinat Wilhelm-Pieck-Stadt Guben*

*143. Mitteilung aus dem Institut für Textiltechnologie der Chemiefasern, Rudolstadt-Schwarza (Direktor Dipl.-Ing. H. Bürger) unter Mitarbeit des VEB Chemiefaserkombinat Wilhelm-Pieck-Stadt Guben*

DK 677.494.675:677.494.061.38:677.017.224:677.017.428

Die Theorie der Entstehung von *T*-Masern wird am Kraft-Dehnungs-Diagramm diskutiert und durch labormäßige sowie technologische Modellversuche prinzipiell bestätigt.

*Утолщения в вытянутой полиамидной филаментной нити и причины их образования*
*Часть 2-я: Теория и модельные опыты*

Теория образования наплывов обсуждена на кривой усилие-удлинение и принципиально подтверждена при модельных опытах в лабораторных и производственных условиях.

*Thickenings of Drawn Polyamide Filament Yarns and Their Causes*
*Part 2. Theory and Model Experiments*

A theory of nep formation based on the stress-strain diagramm is discussed and supported by laboratory and plant scale experiments

### 1. *Bezeichnungen*

$D$ = Durchmesser der zylindrisch gedachten Polyamidseide
$\delta$ = Dehnung der Polyamidseide im Streckfeld oder beim Zugversuch
$H_D$ = Mikrohärte der Polyamidseide, gemessen mit einem Dieder (Zweiflächner) [4]
$l$ = Länge der Polyamidseide im USTER-Kondensator
$m$ = Masse der Polyamidseide im USTER-Kondensator
$P$ = Die im Streckfeld auf die Polyamidseide ausgeübte Kraft oder die Zugkraft beim Zugversuch
$r$ = Reckverhältnis
$\varrho$ = Dichte der Polyamidseide
$S$ = Streckfeldlänge
$\sigma$ = Zugspannung beim Zugversuch
$t$ = Lagerzeit
$U_+$ = *T*-Masern-Intensität (positive Masseschwankung im USTER-Diagramm des USTER-Gleichmäßigkeitsprüfers beim Durchlauf von *T*-Masern)
$v$ = Reckgeschwindigkeit

### 2. *Einleitung*

Im ersten Teil dieser Arbeit wurde der Bildungsmechanismus der *T*-Masern an einem Modellversuch demonstriert [2]. In dem vorliegenden Teil sollen die vorhandenen theoretischen Erkenntnisse erweitert und durch labormäßige und technologische Modellversuche bestätigt werden.

### 3. *Theorie der Entstehung von T-Masern*

Aus der Analyse des Reckprozesses hinsichtlich der *T*-Masern-Entstehung und den beiden durchgeführten grundlegenden Modellversuchen [2] folgt, daß zur Entstehung von *T*-Masern sowohl Unterschiede im Kraft-Dehnungs-Verhalten der ungereckten Seide, die in ihrer Übergangslänge kleiner als die Streckfeldlänge sind, als auch die Ausbildung einer nicht durch Reibungselemente oder andere Einrichtungen lokalisierten Schulter im Streckfeld notwendig sind. Danach entsteht eine *T*-Maser, wenn im Streckfeld auf ein Fadenstück, das zu seiner Reckung auf das eingestellte Reckverhältnis eine Reckkraft $P_1$ benötigt, ein Fadenstück folgt, zu dessen Reckung die Kraft $P_2 < P_1$ erforderlich ist.

Es wird sich also beim Eintritt des „weichen" Materials in das Streckfeld die Schulter sofort vom „harten" in dieses „weiche" Material verlagern, wobei dem „harten" Material im Kraft-Dehnungs-Diagramm ein größerer Verformungswiderstand gegenüber dem „weichen" Material entspricht.

Zwischen dem alten und dem neuen Schulteransatz bleibt so eine teil- oder ungereckte Stelle zurück [2].

Zur näheren Erläuterung dient Bild 1. Darin stellt die Kurve *H* die Kraft-Dehnungs-Linie eines harten Materials und die Kurve *W* die Kraft-Dehnungs-Linie eines weichen Fadenstückes in der Polyamidseide dar. Entsprechend dem Reckverhältnis $r_A$ liegt der Arbeitspunkt bei $\delta_A = r_A - 1$. Wenn die inhomogene Reckung mit hartem Material (Kurve *H*) erfolgt, so ist der Punkt *A* im Bild 1 als Arbeitspunkt anzusehen. Beim Einlauf des weichen Materials, wobei die

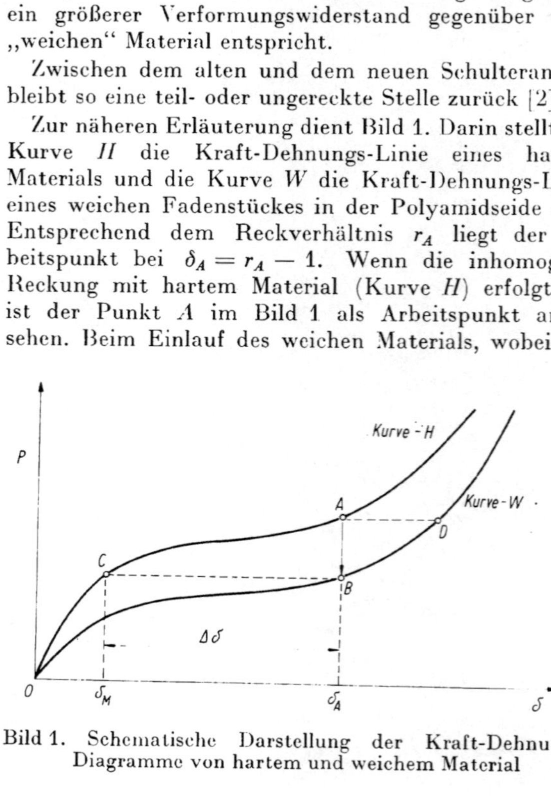


Bild 1. Schematische Darstellung der Kraft-Dehnungs-Diagramme von hartem und weichem Material

[1]) Teil 1 s. [2].

Übergangslänge kleiner als die Streckfeldlänge ist, verlagert sich der Reckpunkt sprunghaft in dieses Material, d. h. von *A* nach *B*. Das im Streckfeld befindliche noch ungereckte *harte Material bleibt als teilgereckte Stelle* mit einem der Dehnung $\delta_M$ entsprechenden Durchmesser *erhalten.* Dieser Vorgang entspricht der *Bildung einer T-Maser* nach dem oben geschilderten Mechanismus (Mechanismus *a* im Abschnitt 3 von [2]).

Folgt auf das weiche das nächste harte Fadenstück, dann steigt die Reckkraft wieder an, wobei aber die Reckung sowohl das ungereckte harte (Punkt *C*) wie auch das gereckte weiche Material erfaßt (Punkt *B*), d. h., das weiche Material wird überreckt (Wanderung von *B* nach *D* im Bild 1). Es kann eine *dünne Stelle* entstehen entsprechend dem Mechanismus *b* im Abschnitt 3 von [2], aber keine *T*-Maser. Befindet sich innerhalb der Streckfeldlänge nur noch hartes Material, dann hat sich der Arbeitspunkt *A* wieder eingestellt.

Die in dem so gereckten Material entstandene *T*-Maser wird im USTER-Diagramm mit der positiven Masseschwankung

$$U_+ = \frac{\Delta m}{m} = \frac{m_C - m_A}{m_A} \tag{1}$$

angezeigt (*A* und *C* beziehen sich auf die Punkte im Kraft-Dehnungs-Diagramm des Bildes 1).
Mit

$$m_C = \varrho \, \frac{\pi}{4} \, l \, D_C^2 \tag{2}$$

und

$$m_A = \varrho \, \frac{\pi}{4} \, l \, D_A^2 \tag{3}$$

ergibt sich aus Gleichung (1) für die *T*-Masern-Intensität

$$U_+ = \frac{r_A}{r_C} - 1 = \frac{\delta_A + 1}{\delta_C + 1} - 1. \tag{4}$$

Wegen

$$\Delta\delta = \delta_A - \delta_C \tag{5}$$

wird Gleichung (4) schließlich in den Ausdruck

$$U_+ = \frac{\delta_A + 1}{\delta_A + 1 - \Delta\delta} - 1 = \frac{r_A}{r_A - \Delta\delta} - 1 \tag{6}$$

übergeführt [4]. Für den Spezialfall

$$r_A \gg \Delta\delta \tag{7}$$

wird aus Gleichung (6) folgender Ausdruck abgeleitet:

$$U_+ \approx \frac{\Delta\delta}{r_A}. \tag{8}$$

Die Größe $\Delta\delta$ in Gleichung (8) ist die Dehnungsdifferenz zwischen hartem und weichem Material im Bereich der Änderung der Fließkraft bzw. der Änderung des Verformungswiderstandes des genannten Materials beim Einlauf von weicherem oder härterem Material, vgl. Bild 1.

Die Größe $r_A$ in Gleichung (8) bedeutet das eingestellte Reckverhältnis für hartes Material. Gleichung (8) besagt dann, daß die Zunahme der *T*-Masern-Intensität mit der Zunahme der Dehnungsdifferenz zwischen hartem und weichem Material und der Abnahme des Reckverhältnisses verbunden ist, Gleichung (7) vorausgesetzt.

In dieser Aussage ist die bisherige Erkenntnis enthalten, daß mit der Erhöhung des Reckverhältnisses die *T*-Masern abnehmen. Da $\Delta\delta$ mit der Reckung ab- und $r_A$ zunimmt, wird die *T*-Masern-Intensität entsprechend Gleichung (8) kleiner. Für die wirksame Beseitigung der *T*-Masern ist es wichtiger, *die Dehnungsdifferenz zwischen hartem und weichem Material* bei konstantem Reckverhältnis *zu verkleinern*, worüber später noch berichtet wird.

Allgemein ergibt sich jedoch aus Gleichung (6), daß nicht bei jeder Zunahme des Reckverhältnisses die *T*-Masern-Intensität abnimmt. Die Differentiation von Gleichung (6) ergibt zunächst

$$\Delta U_+ = \frac{r_A \dfrac{\Delta(\Delta\delta)}{\Delta r_A} - \Delta\delta}{(r_A - \Delta\delta)^2} \, \Delta r_A. \tag{9}$$

Nach Bild 1 ist die Änderung des Reckverhältnisses bei kleinen Reckverhältnissen (entspricht kleinen *P*-Werten) mit einer positiven Änderung der Dehnungsdifferenz zwischen hartem und weichem Material verbunden. Ist dann

$$\frac{\Delta(\Delta\delta)}{\Delta r_A} > \frac{\Delta\delta}{r_A}, \tag{10}$$

so ist mit der Zunahme der Reckung auch eine Zunahme der *T*-Masern-Intensität verbunden.

Für praktische Belange ist dieser Umstand ohne Bedeutung, da derartige kleine Reckverhältnisse, die die Bedingung (10) erfüllen, in der normalen Produktion nicht vorkommen. In mittleren Reckbereichen ist

$$\frac{\Delta(\Delta\delta)}{\Delta r_A} \approx 0, \tag{11}$$

während bei sehr großen Reckverhältnissen (großen Reckverhältnissen entsprechen große *P*-Werte, der maximale *P*-Wert entspricht der Reißkraft)

$$\frac{\Delta(\Delta\delta)}{\Delta r_A} < 0 \tag{12}$$

ist. Die Bedingungen (11) und (12) führen dazu, daß mit zunehmender Reckung die *T*-Masern-Intensität auch abnimmt, wobei im Falle der sehr großen Reckverhältnisse die *T*-Masern noch stärker abnehmen als im mittleren Bereich.

Die theoretischen Zahlenwerte für die *T*-Masern-Intensität stimmen natürlich nicht absolut mit den $U_+$-Werten von den Seiden überein, die an einer Streck-Zwirn-Maschine gereckt worden sind. Das liegt daran, daß zu der oben angegebenen einfachen Theorie nicht die Kraft-Dehnungs-Diagramme benutzt worden sind, die bei der um drei Zehnerpotenzen größeren Reckgeschwindigkeit gültig sind. Außerdem ist auch der Einfluß des Reckverhältnisses auf die Größe der Schulter und auf die Beweglichkeit des Reckpunktes noch unbekannt. Die oben angegebene Theorie ist nur ein grobes Abbild der wirklich ablaufenden Vorgänge. Trotzdem vermittelt sie einen ersten Eindruck von der Entstehung der *T*-Masern. In labormäßigen Modellversuchen soll geklärt werden, inwieweit die oben angenommenen Voraussetzungen wirklich zutreffen.

Es ist zu zeigen, ob sich das sogenannte *harte Material* wirklich in der im Bild 1 gezeigten Weise *von dem weichen Material unterscheidet.* Außerdem ist zu prüfen, inwieweit sich das *Kraft-Dehnungs-Diagramm mit der Zeit ändert,* wie sich dabei insbesondere die *Dehnungsdifferenz* zwischen hartem und weichem Material *verhält* und welche Ursachen hierfür in Frage kommen. Weiterhin sollte gezeigt werden, daß das *harte Material* tatsächlich eine *größere Mikrohärte* besitzt als das weiche und daß die Diskussion der Mikrohärte der Diskussion des Kraft-Dehnungs-Diagrammes *äquivalent* ist. Damit wäre dann gezeigt, daß eine Berechtigung besteht, von hartem und weichem Material zu sprechen. Schließlich müssen die aus den Kraft-Dehnungs-Diagrammen und den Ergebnissen der *Mikrohärte* gewonnenen Verläufe der *T-Masern-Intentisät* mit der wirklich am USTER-Gleichmäßigkeitsprüfer gemessenen prinzipiell übereinstimmen.

Zum Verständnis der nachfolgenden Ausführungen über diese Modellversuche werden zunächst die bei den Untersuchungen benutzten Methoden in knapper Form angegeben.

## 4. *Methoden*

### 4.1. *Aufnahme der Kraft-Dehnungs-Diagramme*

Die Versuche werden am *Honigmann/Schopper*-Gerät ausgeführt. Als Schreiber dient dabei der Enograph von der Fa. Rohde & Schwarz. Der Faden wird nur an einer Klemme eingespannt und somit als Schlinge gerissen. Bei der Auswertung ist deshalb zu beachten, daß am Schreiber die doppelte Kraft angezeigt wird und daß bei der Korrektur der Dehnung die doppelte Einspannlänge herangezogen wird. Die Ermittlung des Klemmfaktors, der besonders bei ungerecktem Material berücksichtigt werden muß, wurde bereits beschrieben [3].

### 4.2. *Messung der Mikrohärte*

Die Messungen werden am Nf-Stativ mit Auflichtkondensor im weißen Licht und der Mikrohärte-Prüfeinrichtung H vom VEB Carl Zeiss Jena vorgenommen [5]. Als Eindruckkörper wird ein vom VEB Carl Zeiss Jena speziell angefertigter Diamantkeil mit einem Keilwinkel von 100°, einer Länge von 300 µm und einer Breite des Keiles von ca. 2 µm verwendet. Der Aufbau dieses Gerätes und die Auswertung wurden bereits beschrieben [4]. Die Messungen werden grundsätzlich im Normalklima vorgenommen.

### 4.3. *Messung der Dichte*

Die Dichte wird nach der Schwebemethode mit Temperaturvariation und Einbettung in ein Tetra/Benzol-Gemisch gemessen. Eine nähere Beschreibung dieser Apparatur erfolgte bereits [1].

### 4.4. *Reckung*

Die Reckung wird auf Streck-Zwirn-Maschinen des VEB Chemiefaserwerk „Wilhelm Pieck" Schwarza durchgeführt. Es werden Maschinen mit 200 mm und mit 400 mm Streckfeldlänge benutzt. Bei der Streckfeldlänge von 200 mm beträgt die Spindeldrehzahl 6000 U min$^{-1}$, bei 400 mm Streckfeldlänge beträgt sie 8996 U min$^{-1}$.

### 4.5. *Messung der T-Masern-Intensität*

Von den gereckten Kopsen wird die *T*-Masern-Intensität mit dem USTER-Gleichmäßigkeitsprüfer, Modell C, gemessen. Die Abzugsgeschwindigkeit beträgt 100 min$^{-1}$, und die Papiergeschwindigkeit 5 cm min$^{-1}$ bei normaler Betriebsart im 100%-Meßbereich. Polyfile Polyamidseide Nm 200(12) wird im Meßschlitz 5 und monofile Polyamidseide Nm 450(1) wird im Meßschlitz 6 gemessen.

## 5. *Labormäßige Modellversuche*

### 5.1. *Kraft-Dehnungs-Diagramme von hartem und weichem Material*

Im Abschnitt 4.2 des ersten Teiles [2] wird mitgeteilt, daß eine Spinnspule in Form eines axialen Streifens mit einer wäßrigen Farbstofflösung von etwa 10 cm Breite bestrichen wird. Vier Tage nach dem Bestreichen ergeben sich beim Recken periodische *T*-Masern, die im Bereich der *gefärbten* Fadenstücke liegen. Es wurde angenommen, daß die gefärbten Fadenstücke durch die zeitweilige Einwirkung der erhöhten Feuchte härter geworden sind. Der Verformungswiderstand müßte also größer sein. Diesen Sachverhalt bringt Bild 2 zum Ausdruck. Der Verformungswiderstand der gefärbten Stelle ist deutlich größer als der der ungefärbten Stelle, wie das in [2] bereits vorausgesagt wurde. Nach einigen Tagen Lagerung hat also das *harte Material (B)* ein *anderes Kraft-Dehnungs-Verhalten* als das weiche Material (*A*).

Dichtemessungen ergeben weiterhin, daß die ungefärbte Stelle eine Dichte von 1,1314 g cm$^{-3}$ hat, während die gefärbte Stelle eine solche von 1,1350 g cm$^{-3}$ besitzt. Der Ordnungsgrad ist in der gefärbten Stelle dementsprechend größer.

Es zeigt sich tatsächlich, daß *in den bestrichenen Fadenabschnitten stärkere Strukturänderungen als in den unbehandelten Fadenteilen ablaufen,* die zu einer höheren Fließkraft im Kraft-Dehnungs-Diagramm führen, nachdem sich die Feuchtegehalte ausgeglichen haben.

Im Abschnitt 4.2 des ersten Teiles [2] wird aber schon darauf hingewiesen, daß beim sofortigen Recken

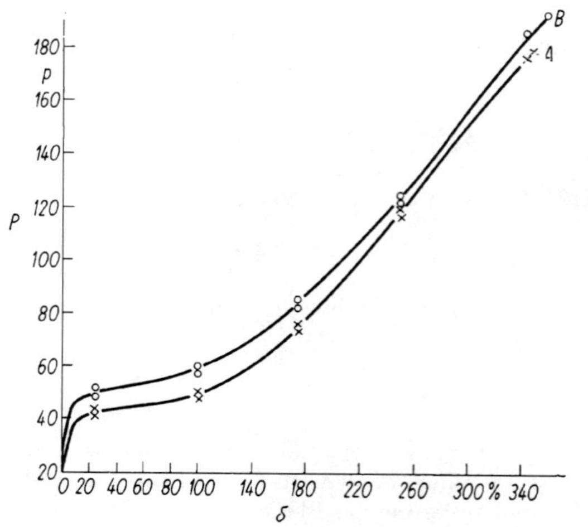


Bild 2. Kraft-Dehnungs-Diagramme ungereckter Polyamidseide
A = ungefärbte Stelle
B = gefärbte Stelle
(gereckte Feinheit Nm 200(12))

der axial bestrichenen Spinnspule die $T$-Masern im *ungefärbten* Fadenstück liegen, also gerade umgekehrt. Das ist ein Hinweis darauf, daß sich das Kraft-Dehnungs-Verhalten der Fäden einer Spinnspule nach dem Aufspulen mit der Lagerzeit ändert.

### 5.2. *Veränderung des Kraft-Dehnungs-Diagramms mit der Lagerzeit*

Bild 3 zeigt die Veränderung des Spannungs-Dehnungs-Diagrammes und damit des Kraft-Dehnungs-Diagrammes ungereckter Polyamidseide mit der Lagerzeit (Ausgangszeit ist die Zeit des Erspinnens) im Normalklima. Daraus ist besonders die Erhöhung der Fließkraft mit der Lagerzeit zu erkennen. Während der gleichen Zeit hat sich die Dichte von 1,130 g cm$^{-3}$ auf 1,134 g cm$^{-3}$ erhöht. Charakteristisch ist die Kinetik der Änderung dieser Eigenschaften. In den ersten Tagen ist der Anstieg immer am größten.

Es zeigt sich also, daß *sich die Struktur der Spinnseide und auch ihr mechanisches Verhalten mit der Lagerzeit erheblich ändern können.* Für die $T$-Masern-Bildung kommt es dabei auf die Größe der Änderung der Dehnungsdifferenz zwischen hartem und weichem Material an, die nachfolgend diskutiert wird.

### 5.3. *Veränderung der Dehnungsdifferenz zwischen hartem und weichem Material axial bestrichener Spinnspulen mit der Lagerzeit im Normalklima*

Zur Untersuchung dieser Veränderung eignet sich monofiles Material besser als das oben angegebene polyfile Material, da sich die Messungen (sowohl des mechanischen Verhaltens als auch der Mikrohärte) schneller durchführen lassen. Die monofile ungereckte Polyamidseide (gereckte Feinheit Nm 450(1)) wird genauso wie das polyfile Material axial mit einer Farbstofflösung bestrichen, nachdem sie einen Tag nach dem Erspinnen im Normalklima gestanden hatte. Nach dem Bestreichen wird sofort das Kraft-Dehnungs-Diagramm sowohl der gefärbten als auch der ungefärbten Fadenstücke nacheinander und fortlaufend gemessen. Verschiedenen $P$-Werten entsprechen verschiedene Reckverhältnisse. Werden die zugehörigen Dehnungsdifferenzen aus den aufgenommenen Diagrammen (bestrichene und unbestrichene Fäden) entnommen und mittels Gleichung (6) die $T$-Masern-Intensität bestimmt, dann ergeben sich die im Bild 4 dargestellten Verhältnisse.

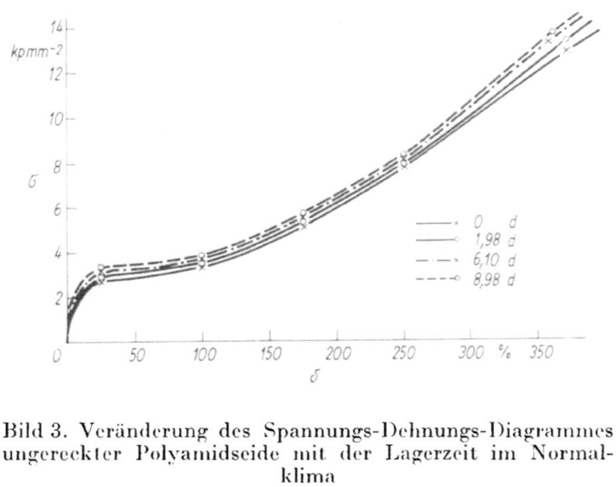


Bild 3. Veränderung des Spannungs-Dehnungs-Diagrammes ungereckter Polyamidseide mit der Lagerzeit im Normalklima
(gereckte Feinheit Nm 200(9))

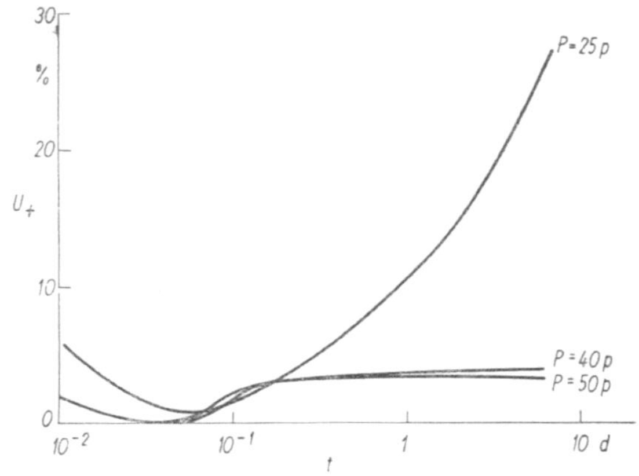


Bild 4. Theoretische $T$-Masern-Intensität in Abhängigkeit von der Lagerzeit axial bestrichener Spinnspulen (gereckte Feinheit Nm 450(1)). Den steigenden Zugkräften entsprechen steigende Reckverhältnisse

Im Bild 4 ist die Lagerzeit im Normalklima vom Beginn des axialen Bestreichens der Spinnspule mit der Farbstofflösung gerechnet (16 g Lösung aus 50 Vol.-% Präparation und 50 Vol.-% Farbstofflösung 2 g l$^{-1}$ Cellitonechtblau FFG). Aus Bild 4 ist deutlich zu erkennen, daß mit der *Lagerzeit* die theoretisch bestimmte *T-Masern-Intensität ein Minimum durchläuft,* wenn die Spinnspulen vorher axial bestrichen worden sind. Mit *steigender Reckung* (größere Zugkräfte) *nimmt die* theoretisch bestimmte *T-Masern-Intensität ab.* Weiter unten wird gezeigt, inwieweit diese theoretischen Ergebnisse mit praktischen Ergebnissen übereinstimmen. Zuvor wird noch angegeben, wie sich die Mikrohärte bei dem eben besprochenen Versuch verhält.

### 5.4. *Veränderung der Mikrohärte der Fäden axial bestrichener Spinnspulen mit der Lagerzeit*

Die Veränderung der Mikrohärte von Monofilseide (gereckte Feinheit Nm 450(1)) axial bestrichener Spinnspulen (Behandlung wie im Abschnitt 5.3) mit der Lagerzeit im Normalklima zeigt Bild 5. Die prinzipielle Beschreibung dieses Versuches erfolgte bereits [4].

In Übereinstimmung mit Bild 2 entspricht nach längerer Lagerzeit im Normalklima der gefärbten Stelle die größere Mikrohärte. Nach dem Mechanismus *a* im Abschnitt 3 von [2] sind demzufolge die $T$-Masern gefärbt, wie das auch im Abschnitt 4.2 von [2] beschrieben wurde. Weiterhin zeigt Bild 2, daß sich die Mikrohärte der gefärbten Stelle stärker ändert als die Mikrohärte der ungefärbten Stelle. Zu Beginn des Versuches ist die Mikrohärte der gefärbten Stelle sogar viel kleiner als die Mikrohärte der ungefärbten Stelle.

Demzufolge müssen zu Beginn des Versuches die $T$-Masern ungefärbt sein, wie das ebenfalls im Abschnitt 4.2 von [2] beschrieben wurde.

Nach diesen Untersuchungen besteht also eine gewisse *Äquivalenz zwischen der Aussage des Kraft-Dehnungs-Diagrammes und der Mikrohärte. Dem größeren Verformungswiderstand entspricht die größere Härte.*

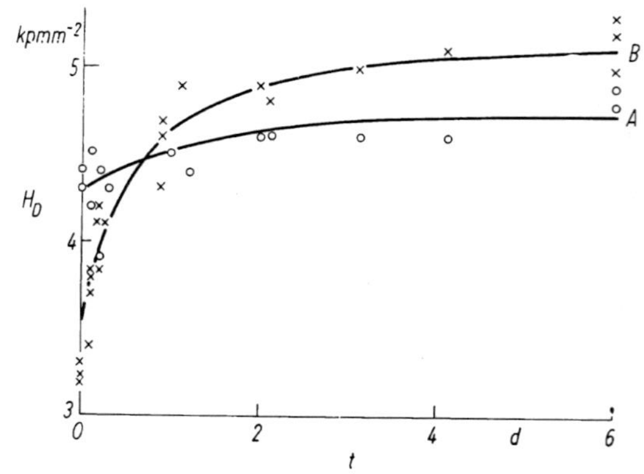


Bild 5. Veränderung der Mikrohärte von Fäden axial bestrichener Spinnspulen mit der Lagerzeit im Normalklima
A = ungefärbte Stelle
B = gefärbte Stelle
(gereckte Feinheit Nm 450(1))

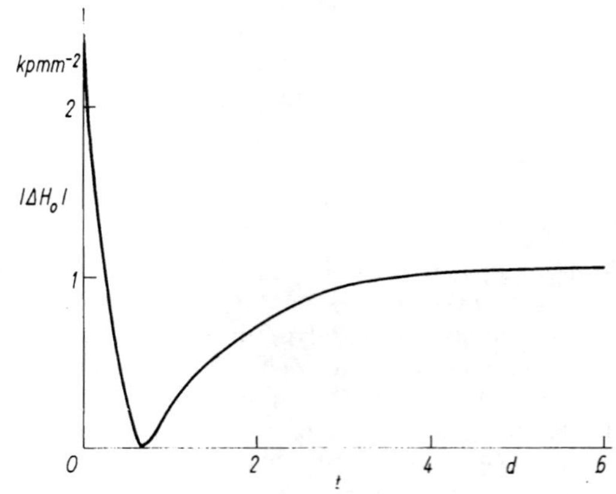


Bild 6. Veränderung der absoluten Differenz der Mikrohärte mit der Lagerzeit zwischen gefärbten und ungefärbten Stellen einer axial bestrichenen Spinnspule
(gereckte Feinheit Nm 450(1))

Der für die *T*-Masern-Bildung wichtigen Dehnungsdifferenz zwischen hartem und weichem Material entspricht die Differenz der Mikrohärte, siehe Bild 6.

*Die absolute Differenz der Mikrohärte durchläuft nach Bild 6 ebenso ein Minimum wie die Dehnungsdifferenz zwischen hartem und weichem Material nach Bild 4.*

Die in den Bildern 5 und 6 dargestellten Zusammenhänge lassen sich wie folgt beschreiben: Die Härte der bestrichenen Fadenabschnitte ist zunächst auf Grund des größeren Feuchtegehaltes niedriger. In den bestrichenen Fadenabschnitten laufen stärkere Strukturänderungen ab als in den unbehandelten Fadenteilen, die zu einer größeren Härteänderung in den bestrichenen Fadenabschnitten führen. Mit zunehmendem Ausgleich der Feuchte steigt die Härtekurve des bestrichenen Fadenteiles steil an und schneidet die Härtekurve

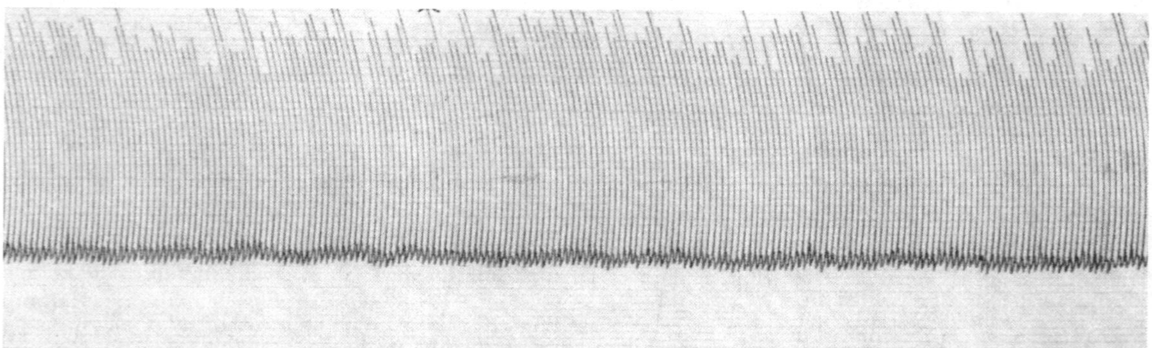

Bild 7a. Lagerzeit 0d

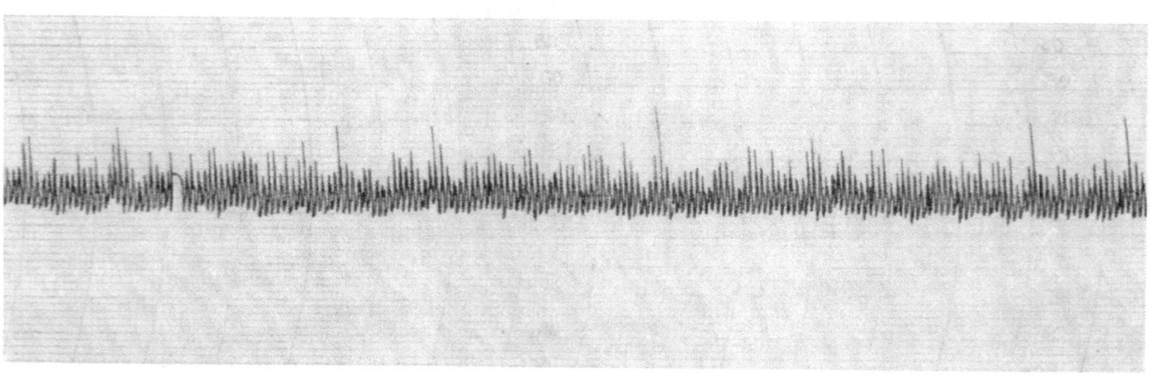

Bild 7b. Lagerzeit 1d

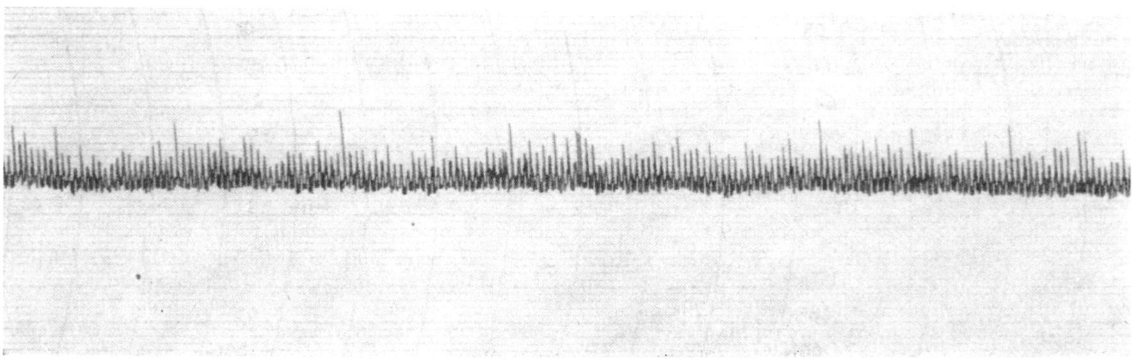

Bild 7c. Lagerzeit 3d

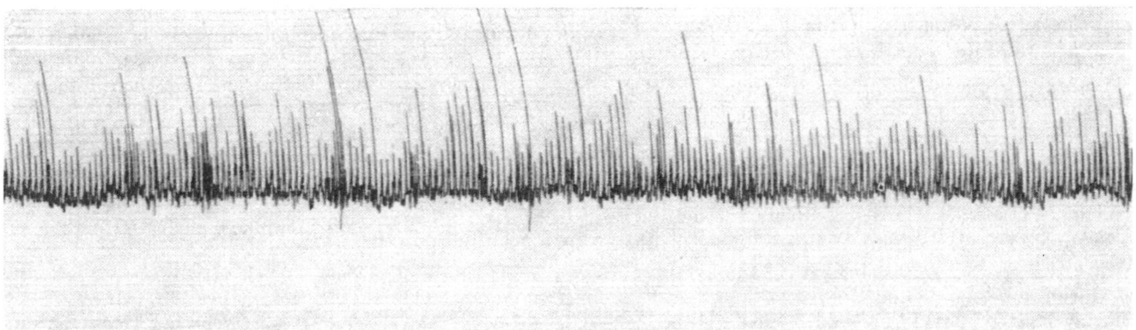

Bild 7d. Lagerzeit 6d

Bild 7. Veränderung des USTER-Diagrammes von gereckten, axial bestrichenen Spinnspulen mit der Lagerzeit im Normalklima (gereckte Feinheit Nm 450(1))

des unbestrichenen Materials. Der Schnittpunkt entspricht im Rahmen der Genauigkeit der Mikrohärtemessung dem Minimum der *T*-Masern-Intensität.

Als Beweis dafür dient Bild 7, in dem die am USTER-Gleichmäßigkeitsprüfer aufgenommenen USTER-Diagramme von an verschiedenen Tagen gereckten Spinnspulen gezeigt sind, die genauso wie im Abschnitt 5.3. mit einer Farbstofflösung axial bestrichen wurden. Bild 8 zeigt die aus Bild 7 ermittelte Veränderung der *T*-Masern-Intensität mit der Lagerzeit.

*Das experimentell bestimmte Minimum der T-Masern-Intensität* (Bilder 7 und 8) *fällt ungefähr mit dem Minimum der absoluten Härtedifferenz zwischen gefärbten und ungefärbten Stellen einer axial bestrichenen Spinnspule zusammen* (Bild 6). Beim Vergleich der experimentellen Werte mit dem Minimum der Dehnungsdifferenz zwischen hartem und weichem Material ist die Übereinstimmung nicht so gut. Die Ursachen dafür wurden im Abschnitt 3 bereits genannt.

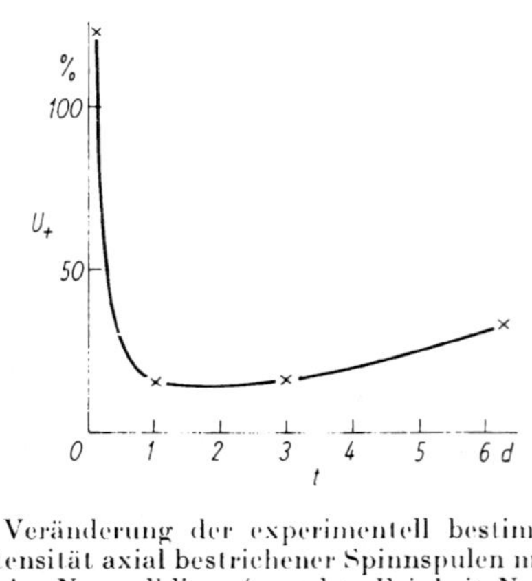


Bild 8. Veränderung der experimentell bestimmten *T*-Masern-Intensität axial bestrichener Spinnspulen mit der Lagerzeit im Normalklima (gereckte Feinheit Nm 450(1))

Insgesamt folgt aber aus den labormäßigen Modellversuchen, daß die im Abschnitt 3 dargelegte Theorie der *T*-Masern prinzipiell richtig und damit bewiesen ist.

Ergänzend zu diesen Modellversuchen werden noch einige technologische Modellversuche angegeben, die vor allen Dingen den Einfluß der Streckfeldlänge, der Reckgeschwindigkeit und des Reckstiftes zeigen sollen.

## *6. Technologische Modellversuche*

Im Gegensatz zu den im Abschnitt 5 beschriebenen Versuchen wird die Farbstofflösung nicht axial auf die Mantelfläche, sondern *einseitig auf die Stirnfläche* gestrichen, um *eine* Spinnspule für alle Reckversuche verwenden zu können (Ausschaltung des Lagerzeiteinflusses).

Die Ergebnisse der Reckversuche sind in Tabelle 1 zusammengefaßt. Aus der Tabelle geht nochmals in Übereinstimmung mit Abschnitt 3 eindeutig hervor, daß *mit der Reckung eine deutliche Abnahme der T-Masern-Intensität verbunden ist.*

Die *Abhängigkeit der T-Masern-Intensität von der Geschwindigkeit und von der Streckfeldlänge ist im ver-*

*Tabelle 1. T-Masern-Intensität $U_+$ in Prozent in Abhängigkeit von dem Reckverhältnis r, der Streckfeldlänge S und der Reckgeschwindigkeit v von monofiler Polyamidseide*

| $v$ | $r$ | 2,8 | | 3,1 | | 3,8 | |
|---|---|---|---|---|---|---|---|
| [m min$^{-1}$] | $S$ [mm] | 200 | 400 | 200 | 400 | 200 | 400 |
| 330 bzw. 347 | | 71 | 96 | 30 | 86 | $<10$ | $<12$ |
| 500 bzw. 490 | | 74 | 93 | 77 | 80 | $<15$ | $<10$ |
| 620 bzw. 675 | | 75 | 90 | 74 | 70 | $<20$ | $<8$ |

*wendeten Bereich sehr gering.* Während die Abhängigkeit von der Reckgeschwindigkeit nicht sauber zu erkennen ist, scheint die *T*-Masern-Intensität mit der Streckfeldlänge im verwendeten Bereich zuzunehmen. Eine eingehendere Diskussion wird dann möglich sein, wenn eine Laborreckeinrichtung zur Verfügung steht.

Dagegen ist die Wirkung eines Reckstiftes eindeutig nachweisbar. Bei $S = 200$ mm, $r = 3{,}1$ und $v = 500$ m min$^{-1}$ ist $U_+ = 77\%$ (Tabelle 1). *Bei Einführung eines Reckstiftes erniedrigt sich die T-Masern-Intensität* auf 38%.

Das gleiche ergibt sich bei polyfiler Polyamidseide. Dort erniedrigt sich $U_+$ unter den gleichen Bedingungen von 64% auf 0.

Die Wirkung eines Reckstiftes ist so zu verstehen, daß sich durch die entstehende Reibungswärme dort die Schulter lokalisiert. Der Verformungswiderstand im Faden wird dadurch so herabgesetzt, daß auch beim Einlauf eines weicheren Fadenstückes in das Streckfeld kein Springen der Schulter auftritt und damit keine *T*-Maser entsteht.

Eine Verminderung der *T*-Masern-Intensität wird auch durch Lagerung der Spinnspulen in extremen Klimata erreicht. Während bei Lagerung im Klima mit 40% relativer Luftfeuchte die *T*-Masern-Intensität innerhalb von 7 Tagen von 60% auf 120% zunimmt, wird *bei Lagerung im Klima mit 90% relativer Luftfeuchte die T-Masern-Intensität innerhalb von 7 Tagen beseitigt.* In einer weiteren Arbeit wird deshalb *Mieck* über den Einfluß der unterschiedlichen relativen Luftfeuchte auf die *T*-Masern-Intensität berichten, bevor der Wasserhaushalt der Spinnspulen näher untersucht wird.

## *7. Zusammenfassung*

7.1. Zur Entstehung von *T*-Masern sind sowohl Unterschiede im Kraft-Dehnungs-Verhalten der ungereckten Seide, die in ihrer Übergangslänge von harten zu weichen Stellen kleiner als die Streckfeldlänge sind, als auch die Ausbildung einer nicht durch Reibungselemente oder andere Einrichtungen lokalisierten Schulter im Streckfeld notwendig.

7.2. Die Theorie der *T*-Masern wird am Kraft-Dehnungs-Diagramm erläutert, wobei die *T*-Masern-Intensität definiert wird. Die *T*-Masern-Intensität wird mit der Dehnungsdifferenz zwischen hartem und weichem Material und dem Reckverhältnis in Zusammenhang gebracht. Die aufgestellte theoretische Beziehung wird diskutiert.

7.3. Nachdem die angewandten Methoden beschrieben sind, wird in labormäßigen Modellversuchen gezeigt, daß die Voraussetzungen der oben genannten Theorie richtig sind. Es wird nachgewiesen, daß sich die Kraft-Dehnungs-Diagramme von hartem und weichem Material insbesondere im Verformungswiderstand unterscheiden, daß sich dieser Verformungswiderstand bei Lagerung im Normalklima an gefärbten Stellen stärker ändert als an ungefärbten Stellen und daß die aus der Dehnungsdifferenz berechnete *T*-Masern-Intensität während der Lagerung ein Minimum zeigt. Im Vergleich zu den Kraft-Dehnungs-Diagrammen wird die Veränderung der Mikrohärte von Fäden axial bestrichener Spinnspulen bei Lagerung im Normalklima untersucht. Die absolute Differenz der Mikrohärte zwischen gefärbten und ungefärbten Stellen hat gerade dort ihr Minimum, wo auch die experimentell bestimmte *T*-Masern-Intensität ein Minimum in Abhängigkeit von der Lagerzeit hat.

7.4. In technologischen Modellversuchen wird festgestellt, daß eine Abnahme der *T*-Masern-Intensität durch Zunahme des Reckverhältnisses durch Anwendung eines Reckstiftes oder durch vorherige Lagerung der Spinnspulen in einem Klima mit 90% relativer Luftfeuchtigkeit möglich ist.

## *Literatur*

[1] *Clement, A., Dittmann, H., Henkel, H., Kaufmann, S., Lochmüller, O.,* und *Wiesener, E.:* Faserphysikalische Arbeiten zur Qualitätsentwicklung. Mitt. Inst. Textiltechnol. Chemiefasern Rudolstadt **8** (1964) 2/3, S. 116 bis 144.

[2] *Dittmann, H., Henkel, H., Kaufmann, S., Lochmüller, O.,* und *Richter, H.:* Dickstellen in gereckter Polyamidseide und ihre Entstehungsursachen.
Teil 1: Das Erscheinungsbild der Dickstellen und die Theorie ihrer Entstehungsmöglichkeiten. Faserforsch. u. Textiltechnik **20** (1969) 6, S. 274—277.

[3] *Kaufmann, S.,* und *Dittmann, H.:* Beitrag zur Dehnungsermittlung bei unverstreckten Polyamidseiden. Faserforsch. u. Textiltechnik **19** (1968) 12, S. 582.

[4] *Kaufmann, S.:* Mikrohärtemessung an zylindrischen Fasern und Elementarfäden. Faserforsch. u. Textiltechnik **20** (1969) 4, S. 197—198.

[5] *Oettel, W. O.:* Neue Geräte zur Prüfung der Mikrohärte. Jenaer Rdsch. (1962) 1, S. 10—11.

*Eingegangen am 10. Januar 1969*

Faserforschung und Textiltechnik 20 (1969) Heft 6
285

# Dickstellen in gereckter Polyamidseide und ihre Entstehungsursachen

## Teil 3: Modellversuche zum Einfluß der relativen Luftfeuchte auf die *T*-Masern-Intensität

*Klaus-Peter Mieck*[1])

*147. Mitteilung aus dem Institut für Textiltechnologie der Chemiefasern, Rudolstadt-Schwarza (Direktor Dipl.-Ing. H. Bürger)*

DK 677.494.675:677.494.061.38:677.494.021.97
628.853

Der Einfluß unterschiedlicher relativer Luftfeuchte auf die Eigenschaften ungereckter Polyamidseide wird beschrieben. Dabei werden neben Lagerungsversuchen von Spinnspulen mit anschließender Reckung die bei unterschiedlicher Feuchteeinwirkung auftretenden Veränderungen des Verformungsverhaltens im Hinblick auf die *T*-Masern-Bildung betrachtet.

*Утолщения в вытянутой полиамидной филаментной нити и причины их образования*

*Часть 3-я: Модельные опыты к вопросу о влиянии относительной влажности воздуха на интенсивность наплывов*

Описано влияние различной относительной влажности воздуха на свойства невытянутой полиамидной филаментной нити. При этом, кроме результатов опытов по хранению бобин со шелком с последующим вытягиванием, изучались изменения деформационных свойств, возникающие при воздействии различной влажности, в связи с образованием наплывов.

*Thickenings of Drawn Polyamide Filament Yarns and Their Causes*

*Part 3. Determination of the Effect of the Relative Humidity on the Number of Neps by Model Experiments*

The Effect of relative humidity on the properties of undrawn polyamide filament yarn is described. Storing of spinning bobbins prior to drawing as well as changes in drawing behaviour caused by variations in humidity are considered with respect to the formation of neps.

### 1. *Einleitung*

Während im ersten Teil der Arbeit der Bildungsmechanismus der *T*-Masern [1] behandelt und im zweiten Teil die theoretischen Kenntnisse hierzu durch labormäßige und technologische Modellversuche [2] bestätigt wurden, soll in dieser Arbeit der Einfluß der relativen Luftfeuchte auf das Verformungsverhalten unverstreckter Polyamidseide und damit auf die *T*-Masern-Bildung behandelt werden.

### 2. *Zur Entstehung der T-Masern*

Die Entstehung von *T*-Masern setzt nach [1, 2] Unterschiede im Kraft-Dehnungs-Verhalten längs der ungereckten Polyamidseide voraus. Für den Fall, daß die Teilstücke mit unterschiedlichem Kraft-Dehnungs-Verhalten größer als die Streckfeldlänge sind, wurde bereits in [1] die Entstehung der *T*-Masern theoretisch beschrieben. Bild 1 zeigt diese Vorgänge anhand einer schematischen Darstellung. Danach bilden sich *T*-Masern nur beim Übergang hart/weich (Bild 1, Teilbild 1.2), da beim Eintritt des „weicheren" Teilstückes in das Streckfeld die Schulter sofort in dieses Material übergeht (Mechanismus a [1]). Beim Übergang weich/hart entsteht eine Feinheitsschwankung (Bild 1, Teilbild 1.4), da der bei Einlauf des „härteren" Materials auftretende Kraftanstieg zu einer Überdehnung des schon gereckten Fadenteils führt (Mechanismus b [1]).

Sind die Teilstücke mit unterschiedlichem Kraft-Dehnungs-Verhalten kleiner als die Streckfeldlänge, so treten folgende Vorgänge auf: Unabhängig davon, ob die Länge der „weichen" oder der „harten" Stelle kleiner als die Streckfeldlänge ist (Bild 2, Teilbilder 2.1 und 2.3), entstehen *T*-Masern, da in jedem Fall im Streckfeld der Übergang hart/weich auftritt und die *T*-Masern-Bildung dann nach dem Mechanismus a (Bild 1, Teilbild 1.2) abläuft (Bild 2, Teilbilder 2.2 und 2.4). Beim Übergang weich/hart bilden sich wiederum nach dem Mechanismus b (Bild 1, Teilbild 1.4) nur Feinheitsschwankungen (Bild 2, Teilbilder 2.2 und 2.4) aus.

Die Untersuchungsergebnisse in Teil 1 [1] und Teil 2 [2] zeigten, daß die Unterschiede im Kraft-Dehnungs-Verhalten im wesentlichen durch Feuchteschwankungen längs der ungereckten Polyamidseide hervorgerufen werden.

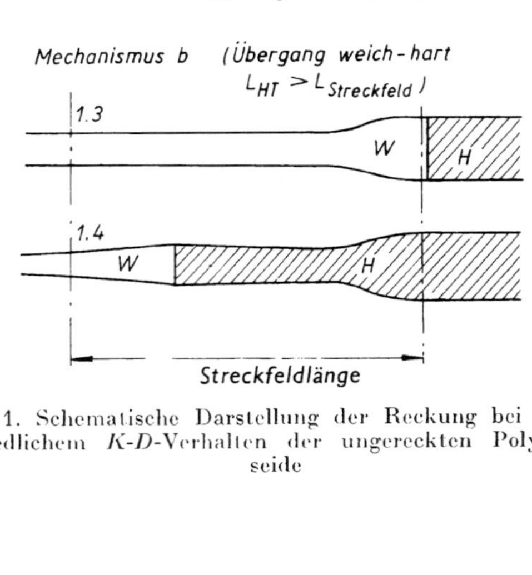


Bild 1. Schematische Darstellung der Reckung bei unterschiedlichem *K-D*-Verhalten der ungereckten Polyamidseide

[1]) Teilweiser Auszug aus der am Institut für Textiltechnik (Prof. Dr.-Ing. habil. *W. Bobeth*) der TU Dresden angefertigten Diplomarbeit.

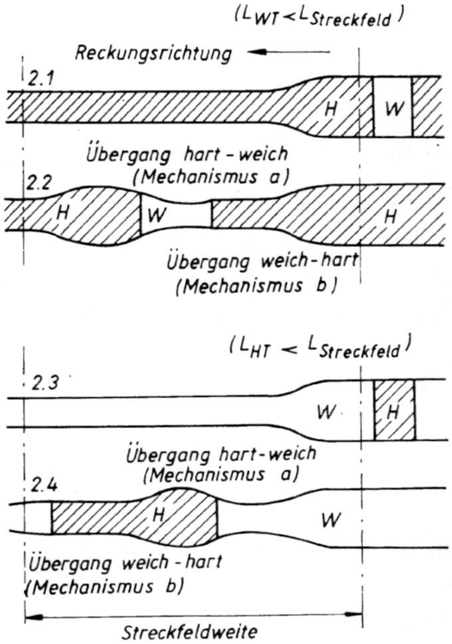


Bild 2. Schematische Darstellung der Reckung bei unterschiedlichem *K-D*-Verhalten der ungereckten Polyamidseide

Die Unterschiede in der Feuchteverteilung längs der ungereckten Polyamidseide erzeugen einmal eine unterschiedliche Erweichung und zum anderen eine unterschiedliche Nachhärtung, die entsprechend den erläuterten Mechanismen Ursache für die *T*-Masern-Entstehung sind. Diese Erkenntnisse sind aus Untersuchungen im Normalklima abgeleitet worden. Ein Einfluß der relativen Luftfeuchte auf die Ergebnisse wurde in [2] angedeutet.

Es war daher zu klären:

a) Welchen Einfluß übt die unterschiedliche relative Luftfeuchte bei Lagerung und Reckung auf die Entstehung und Vermeidung von *T*-Masern aus.

b) Welchen Einfluß haben die durch Feuchteeinwirkung entstehenden irreversiblen Strukturveränderungen auf die *T*-Masern-Bildung.

## 3. *Versuchsdurchführung*

Da sich die Erweichung und die Nachhärtung überlagern und gemeinsam die *T*-Masern-Bildung beeinflussen, wurde bei der Versuchsdurchführung wie folgt vorgegangen:

a) Ermittlung des Einflusses unterschiedlicher relativer Luftfeuchte auf die *T*-Masern-Bildung. Klimatisierung und Verstreckung markierter Spinnspulen. Ermittlung der Eigenschaften der ungereckten und der *T*-Masern-Intensität der gereckten Polyamidseide. Hier werden beide Effekte (Erweichung und Nachhärtung) in ihrer gemeinsamen Wirkung erfaßt.

b) Ermittlung des Einflusses unterschiedlicher relativer Luftfeuchte auf die Nachhärtung und die Reckung. Klimatisierung ungereckter Polyamidseide und Ermittlung ihrer Eigenschaften. Labormäßige Reckung am Zugfestigkeitsprüfgerät bei unterschiedlicher relativer Luftfeuchte. Hier werden beide Effekte (Erweichung und Nachhärtung) getrennt erfaßt.

### 3.1. *Versuchsmaterial*

Die Untersuchungen wurden mit ungereckter Polyamidseide Nm 130(1) [7,6 tex (1)] der laufenden Produktion des VEB Chemiefaserwerk Schwarza „Wilhelm Pieck“ durchgeführt.

Für die nach Abschnitt 3, Punkt a) vorgesehenen Untersuchungen wurden Spinnspulen (Kurzspulen) angefertigt und nach dem Erspinnen luftdicht verpackt, um sie nicht unkontrollierbaren Klimaeinflüssen auszusetzen. Zur definierten Erzeugung von *T*-Masern wurden die Spinnspulen einseitig parallel zur Achse mit einer Farbstofflösung entsprechend Teil 2, Abschnitt 5.3 [2] zusätzlich präpariert.

Bei den nach Abschnitt 3, Punkt b durchzuführenden Versuchen wurde von unpräpariertem Material ausgegangen, da der Einfluß einer definierten Feuchteeinwirkung erst untersucht werden sollte. Die Polyamidseide wurde sofort nach dem Erspinnen in einem mit Trockenmittel ($P_2O_5$) gefüllten Exsikkator aufbewahrt und 10 Tage unter diesen Bedingungen gelagert. Vor Einbringen in den Exsikkator war die Seide 8 min dem Spinnereiklima (rel. Luftfeuchte $\approx 45\%$) ausgesetzt.

### 3.2. *Klimatisierung*

Die Klimatisierung der Spinnspulen für die Untersuchung nach Abschnitt 3, Punkt a) erfolgte in Klimaschränken. Für die relative Luftfeuchte wurden die Stufen 18, 45, 65, 75 und 90% gewählt. Die Temperatur betrug jeweils 20 °C $\pm$ 2 grd. Die Klimatisierung und Lagerung bei einer relativen Luftfeuchte von 65% erfolgte in einem Raum mit Normalklima. Für die Stufen über 65% wurde ein Klimaschrank mit automatischer Regelung der Feuchte verwendet. Für die Stufen unter 65% wurde die entsprechende relative Luftfeuchte in einem Klimaschrank mit Luftumwälzung durch Eingabe von Schwefelsäurelösung eingestellt. Die Kontrolle der relativen Luftfeuchte erfolgte mit geeichten Haarhygrometern und mittels Aspirationspsychrometer.

Zur definierten Befeuchtung der ungereckten Polyamidseide für die Untersuchungen nach Abschnitt 3, Punkt b, wurden Exsikkatoren mit entsprechenden Schwefelsäurelösungen bzw. $P_2O_5$ [3] verwendet. Es wurden die Stufen 0, 20, 45, 65, 80, 90 und 100% gewählt.

### 3.3. *Reckung*

Die Reckung erfolgte unter den in Teil 2, Abschnitt 4.4 [2] angegebenen Bedingungen mit einer Streckfeldweite von 400 mm und einem Reckverhältnis von 1:3,03.

## 4. *Untersuchungsmethoden*

Für die Untersuchung des Kraft-Dehnungs-Verhaltens bei Normalklima der Mikrohärte, der Dichte und der Ungleichmäßigkeit sind die bereits in Teil 2, Abschnitte 4.1 bis 4.5 [2] beschriebenen Methoden benutzt worden. Daher werden nur die zusätzlich angewandten Methoden erwähnt.

### 4.1. *Das Kraft-Dehnungs-Verhalten bei unterschiedlicher relativer Luftfeuchte*

Es wurde die in Bild 3 schematisch dargestellte Anordnung aufgebaut. Der Stickstoff wird durch Waschflaschen, die mit Schwefelsäurelösung gefüllt sind, zur Klimakammer des Zugprüfgerätes geleitet. Die Einstellung der relativen Luftfeuchte ist von der verwendeten Schwefelsäurelösung und dem pro Zeiteinheit durch die Waschflaschen strömenden Stickstoff abhängig. Die Feineinstellung erfolgt über Ventil 1 und 2 und die Messung der relativen Luftfeuchte mit dem Feutronfühler[2]). Weitere Einzelheiten über die Prüfanordnung sind in [4] angegeben.

Zur Prüfung wurden die bereits auf die erforderliche Länge geschnittenen Proben in Exsikkatoren an das jeweilige Klima angeglichen (Dauer > 48 h). Nach Einstellung der relativen Luftfeuchte in der Klimakammer wurden die Prüflinge einzeln den Exsikkatoren entnommen, in das Zugprüfgerät eingespannt und die Klimakammer über den Prüfling geschoben. Die obere Öffnung wurde durch eine Scheibe abgedeckt.

[2]) K. Weiss KG, Greiz.

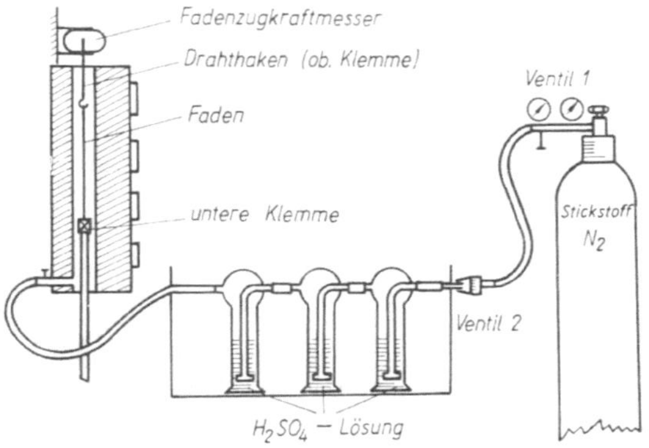


Bild 3. Schematische Darstellung der Einrichtung zur Erzielung unterschiedlicher relativer Luftfeuchte beim Zugversuch

Die Zeitdauer von der Herausnahme des Prüflings bis zum Einbringen in die Klimakammer betrug maximal 20 s. Vor Beginn des Zugversuches wurde das Material 180 s dem Prüfklima in der Klimakammer ausgesetzt. Inwieweit durch diese Übertragung und den erneuten Angleich eine Feuchteänderung des Prüflings eintritt, wird nachfolgend abgeschätzt.

Die Wasseraufnahme bzw. -abgabe von Polyamid 6 kann als Diffusionsvorgang betrachtet werden [5, 6]. Die Differentialgleichung für die Diffusion bei Vorliegen eines unendlich langen zylindrischen Körpers und einer Konzentrationsabhängigkeit des Diffusionskoeffizienten lautet [7, 8]:

$$\frac{\partial c}{\partial t} = \frac{1}{r} \frac{\partial}{\partial r} \left( r D(c) \frac{\partial c}{\partial r} \right). \tag{1}$$

Die Lösung dieser Differentialgleichung unter Annahme eines konstanten Diffusionskoeffizienten ergibt die Beziehung [8]

$$\frac{Q - Q_0}{Q_\infty - Q_0} = \frac{4}{\sqrt{\pi}} \left( \frac{D t}{r_0^2} \right)^{1/2} - \frac{D t}{r_0^2} - \frac{1}{3 \sqrt{\pi}} \left( \frac{D t}{r_0^2} \right)^{3/2} + \ldots \tag{2}$$

Eine brauchbare Näherung für die hier vorzunehmende Abschätzung bei kleinen Zeiten $t$ erhält man bereits, wenn nur der erste Term der Gleichung (2) zur Berechnung herangezogen wird [8].

$$\frac{Q - Q_0}{Q_\infty - Q_0} \approx \frac{4}{\sqrt{\pi}} \left( \frac{D t}{r_0^2} \right)^{1/2}, \tag{3}$$

In den Gleichungen bedeuten

- $c$ Konzentration an bestimmter Stelle zu bestimmter Zeit,
- $r$ Zylinderkoordinate,
- $t$ Zeit,
- $D(c)$ Diffusionskoeffizient, konzentrationsabhängig,
- $Q$ Konzentration zur Zeit $t$ (≙ Feuchteanteil zur Zeit $t$),
- $Q_0$ Konzentration zur Zeit $t = 0$ (≙ Feuchteanteil zur Zeit $t = 0$),
- $Q_\infty$ Konzentration zur Zeit $t = \infty$ (≙ Feuchteanteil zur Zeit $t = \infty$),
- $D$ Diffusionskoeffizient, konzentrationsabhängig,
- $r_0$ Zylinderradius.

Für die Berechnung wurde Gleichung (3) umgestellt,

$$Q = Q_0 + (Q_\infty - Q_0) \frac{4}{\sqrt{\pi}} \left( \frac{D t}{r_0^2} \right)^{1/2}, \tag{4}$$

*Tabelle 1. Feuchteverhältnisse des Prüflings*

| Nach Angleich im Exsikkator | | Nach Einbringen in Klimakammer rel. Lf. 65% $t = 20$ s | | Nach erneutem Angleich | |
|---|---|---|---|---|---|
| $Q_0$ [%] | rel. Lf. [%] | $Q_{t=20\,s}$ [%] | rel. Lf. [%] | $Q_{t=180\,s}$ [%] | rel. Lf. [%] |
| 2,40 | 20 | 2,71 | 24,0 | 2,60 | 22,5 |
| 3,30 | 35 | 3,50 | 39,5 | 3,43 | 38,0 |
| 3,74 | 45 | 3,89 | 48,0 | 3,84 | 47,0 |
| 4,00 | 50 | 4,12 | 52,0 | 4,08 | 51,5 |
| 6,70 | 80 | 6,50 | 78,0 | 6,57 | 79,0 |
| 13,00 | 100 | 12,05 | 98,0 | 12,39 | 99,0 |

und folgende Werte benutzt

$D = 3 \cdot 10^{-9}$ cm²/s [9];
$Q_0$ = Feuchteanteil bei den unterschiedlichen rel. Luftfeuchten wurde der Sorptionsisothermen für ungereckte Polyamidseide nach [10] entnommen;
$t$ = 20 s bzw. 180 s.

Tabelle 1 zeigt, daß bei der Übertragung eine Änderung des Feuchteanteils eintritt, die einer Änderung der relativen Luftfeuchte von 2 bis 4,5% entspricht, die nach dem erneuten Angleich auf 1 bis 3% vom Sollwert reduziert wird. Der tatsächliche Feuchteangleich wird noch günstiger sein, da bei der Berechnung von einem Faden mit inhomogener Feuchteverteilung ausgegangen wurde, obwohl die Gleichung eine homogene Verteilung voraussetzt. Die Anordnung erschien daher für die Durchführung der Prüfung geeignet.

### 4.2. *Untersuchung des Quellungsverhaltens*

Von *Bobeth* u. Mitarb. wurde gezeigt [11 bis 13], daß die mikroskopischen Quellungsversuche Hinweise auf den Strukturzustand des Faserstoffes gestatten. Daher sollten die bei der ungereckten Polyamidseide zu erwartenden Strukturänderungen auch durch Quellungsuntersuchungen belegt werden. Dazu wurde die Quellungsumsetzungszeit erfaßt. Es wurden die bereits veröffentlichten Prüfbedingungen [11 bis 13] eingehalten. In Vorversuchen wurde für die Quellung eine 30masseprozentige Schwefelsäurelösung ausgewählt.

## 5. *Versuchsergebnisse*

### 5.1. *Der Einfluß der relativen Luftfeuchte bei der Lagerung von Spinnspulen*

Die nach Abschnitt 3.1 zusätzlich einseitig präparierten und bei unterschiedlichen relativen Luftfeuchten gelagerten Spinnspulen wurden nach verschiedenen Lagerzeiten (0, 24, 72, 144 und 216 h nach der zusätzlichen Präparierung) gereckt und das Verformungsverhalten der zusätzlich präparierten und der unbehandelten Stücke der ungereckten Polyamidseide ermittelt. Die Prüfung und Reckung erfolgten unmittelbar nach der Herausnahme aus den Klimaschränken.

In Bild 4 ist die an der gereckten Polyamidseide ermittelte positive, relative Masseänderung[3]) in Abhängigkeit von der Lagerdauer bei unterschiedlicher relativer Luftfeuchte wiedergegeben. Ein Einfluß der relativen Luftfeuchte bei der Lagerung auf die $T$-Masern-Intensität ist deutlich erkennbar.

[3]) Versuche [4] bewiesen, daß die ermittelte positive relative Masseschwankung der Anzahl der im Gewirke sichtbaren $T$-Masern proportional ist.

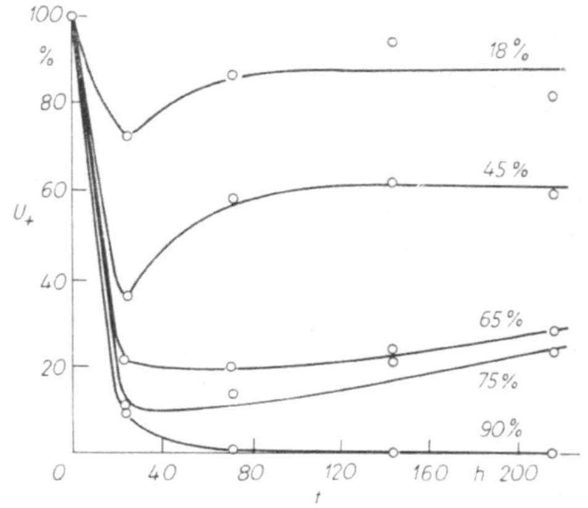


Bild 4. Mittlere positive, relative Masseänderung von Polyamidseide Nm 450(1) [2,2 tex(1)] in Abhängigkeit von der Lagerdauer der Spinnspulen bei unterschiedlicher relativer Luftfeuchte

Allen Kurven $U_+ = f(t)$ unterhalb einer relativen Luftfeuchte von 90% ist das Durchlaufen eines Minimums bei einer Lagerdauer von $t \approx 24$ h gemeinsam. Diese Erscheinung wurde in [2] für eine Lagerung bei Normalklima auch gefunden und nach Abschnitt 5.4 [2] auf das unterschiedliche Verformungsverhalten der nichtbefeuchteten gegenüber der zusätzlich befeuchteten ungereckten Polyamidseide in Abhängigkeit von der Lagerdauer zurückgeführt.

Inwieweit die in [2] gegebene Erklärung auch für die Lagerung bei unterschiedlicher relativer Luftfeuchte zutrifft, wird nachfolgend beschrieben. In Bild 5 ist die im Fließbereich auftretende Zugkraft $P_{\delta=40\%}$ der befeuchteten und der nichtbefeuchteten Seide in Abhängigkeit von der Lagerdauer bei unterschiedlicher relativer Luftfeuchte dargestellt. Der Verformungswiderstand der befeuchteten Seide ändert sich wiederum stärker als der der unbefeuchteten. Diese Änderung wird stark von der relativen Luftfeuchte beeinflußt. Mit abnehmender relativer Luftfeuchte erhöhen sich der Verformungswiderstand sowohl der unbefeuchteten und befeuchteten Seide als auch die absolute Differenz des Verformungswiderstandes zwischen beiden Materialien. Damit zeigt sich bereits ein Zusammenhang zwischen diesen Größen und der *T-Masern*-Intensität (Bild 4).

Die aus den Unterschieden im Zugkraft-Dehnungs-Verhalten längs der ungereckten Polyamidseide abgeleitete Gleichung (6) [2] besagt, daß für die *T*-Masern-Intensität die Größe der Dehnungsdifferenz zwischen dem „harten" und „weichen" Material maßgebend ist. Die in Bild 6 als Beispiel dargestellten Anfangsbereiche von Zugkraft-Dehnungs-Diagrammen lassen deutlich den Einfluß der relativen Luftfeuchte auf die Dehnungsdifferenz zwischen der befeuchteten und der nichtbefeuchteten Seide erkennen. Die Dehnungsdifferenz geht mit zunehmender relativer Luftfeuchte nach entsprechender Lagerdauer gegen Null. Für die Übertragung dieses Ergebnisses in Gleichung (6) des Teiles 2 [2] ist die Kenntnis des der praktischen Reckung äquivalenten Reckverhältnisses im Zugkraft-Dehnungs-Diagramm erforderlich. Die formale Anwendung der praktischen Reckung von $r = 3{,}03$ auf den Zugversuch führte zu keiner exakten Aussage infolge voneinander abweichender Deformationsbedingungen ($v_{\text{Zugprüfgerät}} = 490$ mm/min, $v_{\text{Masch}} = 675$ m/min). Auf Grund der

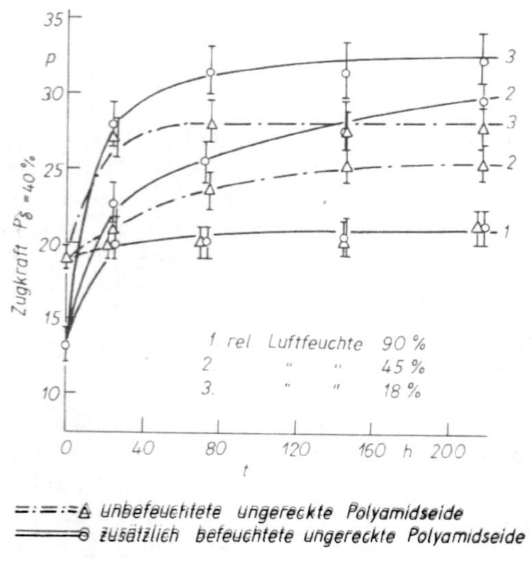


Bild 5. Zugkraft $P_{\delta=40\%}$ ungereckter Polyamidseide Nm 130(1) [7,6 tex(1)] in Abhängigkeit von der Lagerdauer der Spinnspulen bei unterschiedlicher relativer Luftfeuchte

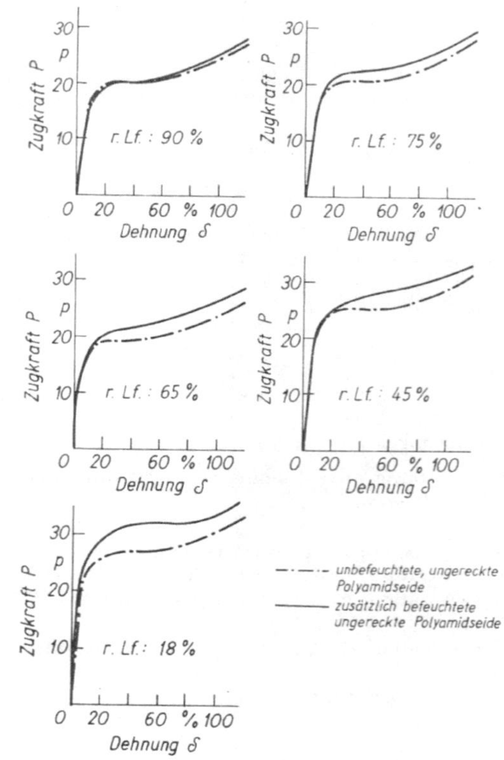


Bild 6. Zugkraft-Dehnungs-Diagramme (Anfangsbereich) ungereckter Polyamidseide Nm 130(1) [7,6 tex(1)] nach Lagerung der Spinnspulen bei unterschiedlicher relativer Luftfeuchte (Lagerdauer: 6 d ≙ 144 h)

Kenntnisse über das Verformungsverhalten bei unterschiedlichen Geschwindigkeiten wurde angenommen, daß die äquivalente Reckung unter der praktischen liegt. Es wurde $r_A = 1{,}8$ gewählt. Werden nun unter der Voraussetzung von $\delta_A$[4]) = 80% = konst. den einzelnen Zugkraft-Dehnungs-Diagrammen die der Dehnung $\delta_C$[4]) entsprechenden Werte entnommen, läßt sich nach Gleichung (6) [2] die *T*-Masern-Intensität errechnen. Das Auftragen der errechneten *T*-Masern-Intensitäten über der Lagerdauer ergibt Bild 7. Die Übereinstimmung zwischen der tatsächlich ermittelten (Bild 4) und der aus der Dehnungsdifferenz errechneten Masseschwankung (Bild 7) ist offensichtlich. Damit wird auch durch diese Versuche eindeutig bestätigt, daß die *T*-Masern-Intensität von der Größe des Unterschiedes im Verformungsverhalten längs der ungereckten Polyamidseide abhängig ist.

Der Strukturzustand der befeuchteten und nichtbefeuchteten Stellen der ungereckten Polyamidseide wurde auch durch die Ermittlung der Mikrohärte und des mikroskopischen Quellungsverhaltens verfolgt. Sowohl die absolute Differenz der Mikrohärte als auch die der Quellungsumsetzungszeit in Abhängigkeit von der Lagerdauer bei einer relativen Luftfeuchte von 65% ergab einen der *T*-Masern-Intensität ähnlichen Verlauf. Es zeigte sich allerdings keine Abhängigkeit von der relativen Luftfeuchte, da die für die Prüfung verwandten kurzen Fadenstücke in der Probenvorbereitungszeit offenbar bereits wieder den Gleichgewichtsfeuchteanteil des Normalklimas angenommen hatten.

Interessant sind die Bedingungen, bei denen keine *T*-Masern mehr auftreten (rel. Luftfeuchte 90%). Die Bilder 5 und 6 zeigten, daß nach einer Lagerung bei einer relativen Luftfeuchte von 90% die Unterschiede im Verformungsverhalten längs der ungereckten Polyamidseide angeglichen werden.

Das gleichmäßige Verformungsverhalten kann folgende Ursachen haben:

a) die hohe Luftfeuchte bewirkt für die nichtbefeuchteten und die zusätzlich befeuchteten Stellen längs der Seide eine Nachhärtung mit gleichem Endzustand;

b) trotz der Unterschiede im Strukturzustand zwischen den nichtbefeuchteten und den zusätzlich befeuchteten Teilen längs der Seide wird durch die Wirkung des Wassers als Weichmacher das Verformungsverhalten beider Teile angeglichen.

[4]) Es wurden die Bezeichnungen entsprechend Bild 1 in Teil 2 [2] gewählt.

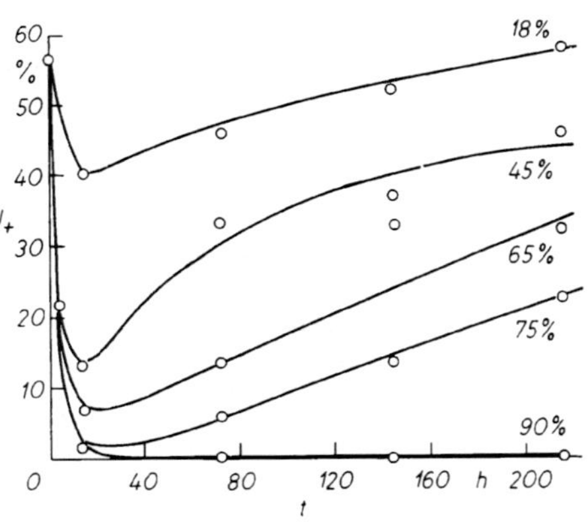


Bild 7. Positive, relative Masseänderung von Polyamidseide Nm 450(1) [2,2 tex(1)] in Abhängigkeit von der Lagerdauer der Spinnspulen (Parameter: rel. Luftfeuchte) ($U_+$ errechnet aus $\Delta\delta$ zwischen befeuchteter und unbefeuchteter ungereckter Polyamidseide)

*Tabelle 2. Einfluß unterschiedlicher Lagerungsbedingungen auf die T-Masern-Intensität*

| Versuchsbedingungen | | Positive, rel. Masseschwankung $U_+$ |
|---|---|---|
| rel. Luftfeuchte [%] | Lagerdauer [h] | [%] |
| 90 | 240 | 0 |
| 45*) | 144 | 61,6 |
| 45**) | 144 | 23,9 |

*) sofortige Lagerung bei 45% rel. Lf., 144 h.
**) nach vorangegangener Lagerung bei 90% rel. Lf., 240 h.

Sollte Fall a vorliegen, dann dürften bei einer nach Abschnitt 3.1 markierten Spinnspule, die erst bei einer relativen Luftfeuchte von 90% und anschließend bei einer niedrigeren Luftfeuchte gelagert wurde, keine *T*-Masern mehr auftreten. Tabelle 2 zeigt, daß trotz vorangegangener Lagerung in einer feuchten Atmosphäre erneut *T*-Masern auftreten. Die Masseschwankung ist allerdings nicht mehr so groß, wie nach einer sofortigen Lagerung bei einer relativen Luftfeuchte von 45%.

Es läßt sich daher feststellen:

Die Lagerung bei einer relativen Luftfeuchte von 90% führt zu einer Annäherung des Strukturzustandes der befeuchteten und der nichtbefeuchteten Stellen längs der ungereckten Polyamidseide. Der bei einer sofortigen Reckung im Material noch vorhandene hohe Feuchteanteil bewirkt, daß die Unterschiede im Verformungsverhalten ausgeglichen werden. Es ist dementsprechend keine *T*-Masern-Bildung mehr zu verzeichnen.

Mit abnehmender relativer Luftfeuchte erhöht sich der Unterschied im Strukturzustand zwischen den befeuchteten und den nichtbefeuchteten Stellen immer mehr. Da gleichzeitig der Feuchteanteil im Material bei der Reckung geringer wird, ist ein Ausgleich dieser Unterschiede nicht mehr gegeben. Die *T*-Masern-Intensität steigt an. Bei den Versuchen wurden labormäßig extreme Unterschiede im Verformungsverhalten erzeugt. Die Vermutung, daß geringere Unterschiede bereits bei niedrigeren relativen Luftfeuchten von z. B. 75% ausgeglichen werden können, bestätigt sich nicht. Auch hier führte erst die Lagerung bei einer relativen Luftfeuchte von 90% zum Verschwinden der *T*-Masern.

### *5.2. Der Einfluß der relativen Luftfeuchte auf die Nachhärtung*

Bei den Untersuchungen des Abschnittes 5.1 wurden bewußt durch extreme Feuchteänderungen Unterschiede im Verformungsverhalten längs der ungereckten Polyamidseide erzeugt. Nach [1] treten in der Praxis da-

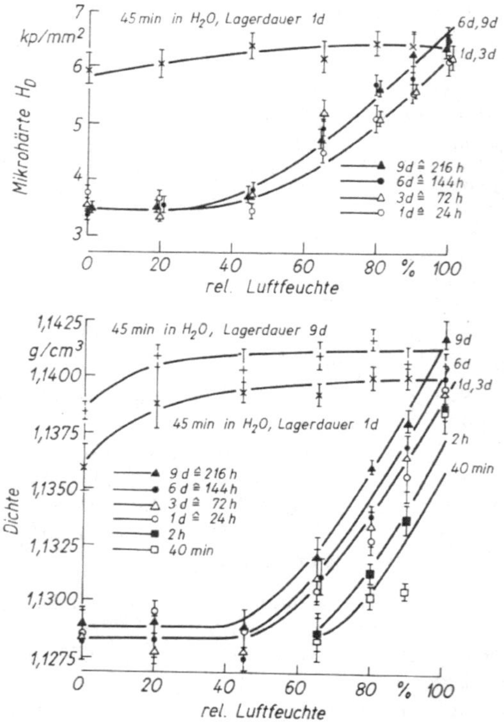


Bild 8. Mikrohärte $H_D$ und Dichte $\varrho$ von ungereckter Polyamidseide Nm 130(1) [7,6 tex(1)] in Abhängigkeit von der relativen Luftfeuchte ($t = 20\,°C$) bei Lagerung; Parameter: Lagerdauer

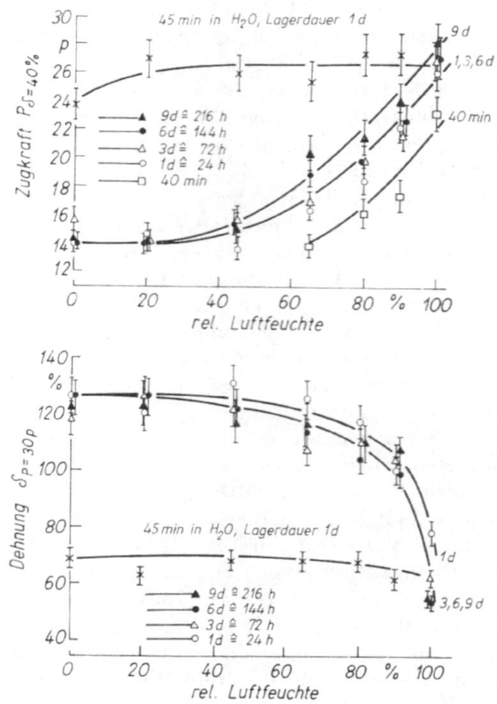


Bild 9. Zugkraft $P_{\delta=40\%}$ und Dehnung $\delta_{P=30p}$ von ungereckter Polyamidseide Nm 130(1) [7,6 tex(1)] in Abhängigkeit von der relativen Luftfeuchte ($t = 20\,°C$) bei Lagerung; Parameter: Lagerdauer

gegen Feuchteänderungen insbesondere dann auf, wenn zwischen den Spinnspulen und der sie umgebenden Luft ein Wasseraustausch stattfindet. Bevor in einer weiteren Arbeit näher auf die dadurch auftretenden Konzentrationsunterschiede innerhalb der Spinnspulen eingegangen wird, ist zu klären, wie sich die Eigenschaften der ungereckten Polyamidseide bei unterschiedlichem Feuchteanteil ändern.

Die Bilder 8 und 9, in denen die Mikrohärte, die Dichte, die Zugkraft $P_{\delta=40\%}$ und die Dehnung $\delta_{P=30p}$ in Abhängigkeit von der relativen Luftfeuchte bei verschiedener Lagerdauer dargestellt wurden, zeigen, daß bis zu einer relativen Luftfeuchte von 45% kein meßbarer Einfluß der Feuchte mehr auf die Eigenschaften der unverstreckten Polyamidseide festzustellen ist. Es ist zu beachten, daß von einer Seide ausgegangen wurde, die bereits kurzzeitig dem Spinnereiklima (rel. Lf. $\approx$ 45%) ausgesetzt war. Möglicherweise wurde dabei ein Strukturzustand erreicht, der durch eine erneute Lagerung bei relativen Luftfeuchten von $\leqq$ 45% keine Veränderungen mehr erfährt. Deshalb werden nur die oberhalb dieser Feuchte aufgetretenen Eigenschaftsänderungen betrachtet. Mit steigender relativer Luftfeuchte und Lagerdauer setzt eine stärkere Änderung der Eigenschaften ein. Neben Dichte und Mikrohärte erhöht sich die im Fließbereich auftretende Zugkraft ($P_{\delta=40\%}$), während die Dehnung in diesem Bereich abnimmt.

In Bild 10 sind als Beispiel die Zugkraft-Dehnungs-Diagramme der bei unterschiedlicher relativer Luftfeuchte gelagerten Polyamidseide dargestellt. Durch den unterschiedlichen Feuchteanteil bei der Lagerung wird insbesondere der untere Bereich der Diagramme verändert, während ein Einfluß auf die Reißkraft $P_{max}$ und die Reißdehnung $\delta_{P_{max}}$ nicht erkennbar ist. Befeuchtet man das Material vor der Lagerung mit Wasser, so zeigen die Bilder 8 und 9, daß die maximale Eigenschaftsänderung bereits erreicht ist. Die nachfolgende Einwirkung bei relativen Luftfeuchten < 100%

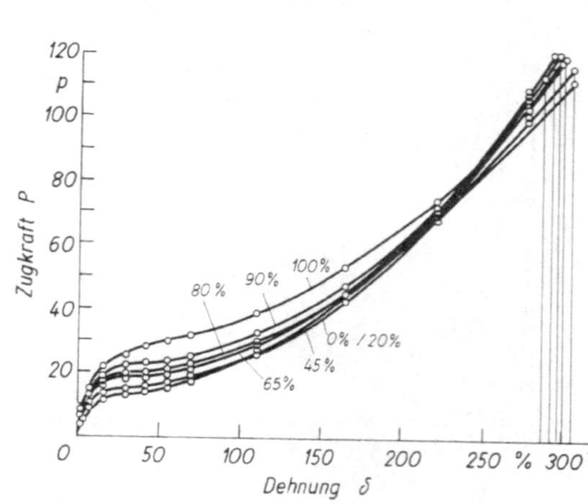


Bild 10. Zugkraft-Dehnungs-Diagramme von ungereckter Polyamidseide Nm 130(1) [7,6 tex(1)] nach Lagerung bei unterschiedlicher relativer Luftfeuchte (Lagerdauer: 6 d ≙ 144 h)

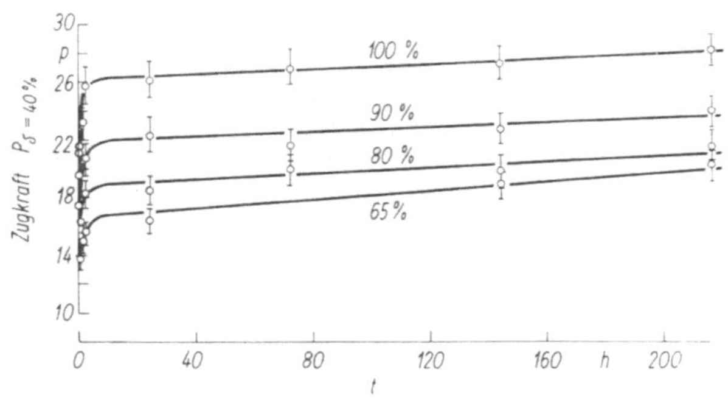


Bild 11. Zugkraft $P_{\delta=40\%}$ von ungereckter Polyamidseide Nm 130(1) [7,6 tex(1)] in Abhängigkeit von der Lagerdauer bei unterschiedlicher relativer Luftfeuchte ($t$ = 20 °C)

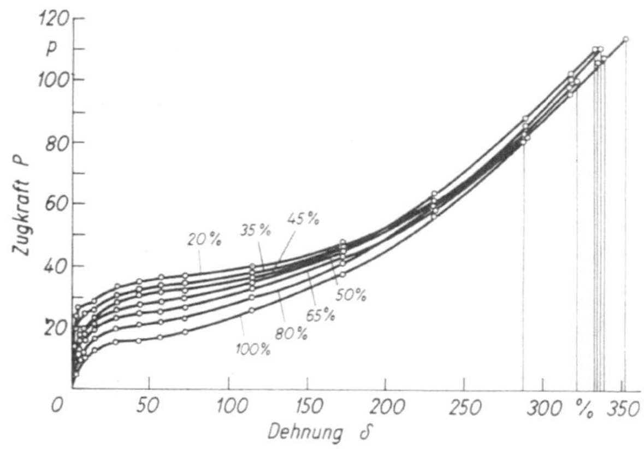


Bild 12. Zugkraft-Dehnungs-Diagramme von ungereckter Polyamidseide Nm 130(1) [7,6 tex(1)] bei unterschiedlicher relativer Luftfeuchte ($t$ = 20 °C)

ruft keine wesentlichen Änderungen mehr hervor (Bild 8 und 9). Aus dem Verlauf der Kurven geht der irreversible Charakter der Eigenschaftsänderung deutlich hervor.

Wird die Seide vor der Lagerung nicht mit Wasser, sondern bei einer relativen Luftfeuchte $< 100\%$ vorbehandelt, ergibt sich eine zur Vorbehandlung mit Wasser parallele Kurve. Der Einfluß der Lagerungsdauer oberhalb einer relativen Luftfeuchte von 45% geht als Beispiel für die im Fließbereich auftretende Zugkraft $P_{\delta=40\%}$ aus Bild 11 hervor. Die wesentliche Änderung der Eigenschaften erfolgt in den ersten 2 h der Lagerung. Für die Veränderung der übrigen Eigenschaften ergibt sich eine analoge Tendenz.

Die Ergebnisse zeigen, daß — ausgehend vom Strukturzustand nach der Fadenbildung [15] — die Verbesserung des Ordnungszustandes mit der Feuchte, die die ungereckte Polyamidseide aufnimmt, in engem Zusammenhang steht. Auf den Einfluß der Lagerdauer wurde bereits hingewiesen [14].

In der Praxis ist die Strukturänderung der ungereckten Polyamidseide von der durch die Feuchtedosierung an der Spinnmaschine und den Klimaverhältnissen in Spinnerei und Streckerei entstehenden Konzentrationsverteilung der Feuchte innerhalb der Spinnspule abhängig. Die eingehende Behandlung dieses Problems ist Gegenstand der nächsten Arbeit.

Die Untersuchungsergebnisse zeigten aber bereits, daß bei einem Ausgleich von Feuchteunterschieden innerhalb der Spinnspulen die höchste Feuchteeinwirkung den Strukturzustand festlegt, der durch eine darunter liegende Feuchteeinwirkung nicht mehr zu verändern ist. Damit sind Schwankungen der Feuchtedosierung, die über der Gleichgewichtsfeuchte des Streckereiklimas liegen, besonders kritisch hinsichtlich nicht mehr auszugleichender Strukturunterschiede.

### *5.3. Der Einfluß der relativen Luftfeuchte bei der Reckung auf das Verformungsverhalten*

Zur Klimaabhängigkeit der Eigenschaften von Textilien wurden von *Sommer* u. Mitarb. zahlreiche Untersuchungen durchgeführt. In diesem Zusammenhang interessiert der Einfluß der relativen Luftfeuchte auf das Verformungsverhalten von Polyamidseiden. Diesen Einfluß untersuchten beispielsweise *Meredith* [16], *Yamaguchi* und *Oyanagi* [17] sowie *Pollit* [18] an bereits gereckten Polyamidseiden. Hiernach wird das Verformungsverhalten erst bei höheren Beanspruchungen deutlich von der relativen Luftfeuchte beeinflußt. Mit zunehmender relativer Luftfeuchte werden die Zugkraft-Dehnungs-Kurven flacher. *Sommer* u. Mitarb. [19 bis 21] bestätigten diese Ergebnisse. Eine unmittelbare Übertragung dieser Erkenntnisse auf das Verformungsverhalten ungereckter Polyamidseide ist nicht möglich. Für die vorliegenden Untersuchungen mit der Anordnung nach Abschnitt 4.1 wurde eine vor der Prüfung 360 h in Wasser gelagerte Seide verwendet. Die Nachhärtung dieses Materials ist weitgehend abgeschlossen.

In Bild 12 sind die Zugkraft-Dehnungs-Diagramme bei unterschiedlicher relativer Luftfeuchte dargestellt. Ein deutlicher Einfluß der relativen Luftfeuchte auf das Verformungsverhalten zeigt sich im unteren Beanspruchungsbereich. Der obere Bereich und die Endwerte ($P_{max}$, $\delta_{Pmax}$) sind dagegen von der relativen Luftfeuchte nahezu unabhängig.

Mit zunehmender relativer Luftfeuchte wird die Anfangssteigung des ersten Bereiches der Zugkraft-Dehnungs-Kurven und die Zugkraft, bei der die eigentliche Reckung einsetzt, kleiner.

Bild 13 zeigt den Verlauf der Dehnung bei unterschiedlicher konstanter Zugkraft im unteren Beanspruchungsbereich in Abhängigkeit von der relativen Luftfeuchte. Ein Vergleich aller Zugkraft-Dehnungs-Kurven hinsichtlich einer Reckung ist im Zugkraftbereich von 30 bis 35 p möglich. Diese Zugkräfte liegen für alle Kurven oberhalb der Anfangssteigung und in der Zone einer möglichen Reckung.

In diesem Bereich wird die Dehnung sehr stark von der relativen Luftfeuchte beeinflußt. Geringe Unterschiede der Feuchte in der ungereckten Polyamidseide im Bereich einer relativen Luftfeuchte von 30 bis 65% erzeugen größere Dehnungsunterschiede. Erst oberhalb einer relativen Luftfeuchte von 65% wird die Steigung der Kurve geringer.

Zur quantitativen Abschätzung dieses Einflusses soll daher angenommen werden, daß innerhalb der

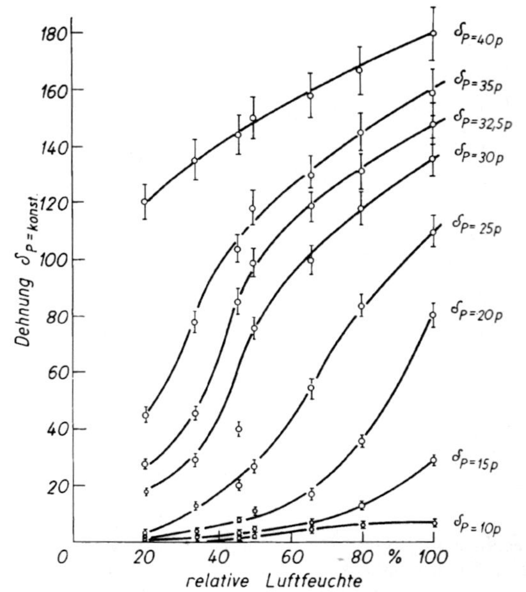


Bild 13. Dehnung $\delta_{P\ \text{konst.}}$ von ungereckter Polyamidseide Nm 130(1) [7,6 tex(1)] in Abhängigkeit von der relativen Luftfeuchte ($t = 20\,°C$)

Spinnspulen Feuchteunterschiede auftreten. Diese Feuchteunterschiede sollen den Gleichgewichtsfeuchten bei unterschiedlicher relativer Luftfeuchte entsprechen. Dann läßt sich aus den durch die Feuchteunterschiede entstehenden Dehnungsunterschieden (s. Bild 13 $\delta_{P=30p} = f$ (rel. Lf.) nach Gleichung 6 [2] die theoretische, positive, relative Masseschwankung berechnen. Bild 14 zeigt die sich daraus ergebenden Kurven $U_+ = f$ (rel. Lf.) für stufenweise Unterschiede der relativen Luftfeuchte von 5 und 10%. Diese Kurven $U_+ = f$ (rel. Lf.) zeigen, wie bereits angedeutet, daß im Bereich einer relativen Luftfeuchte von 30 bis 65% die Masseschwankung sehr groß ist. Sie nimmt mit zunehmender relativer Luftfeuchte ab.

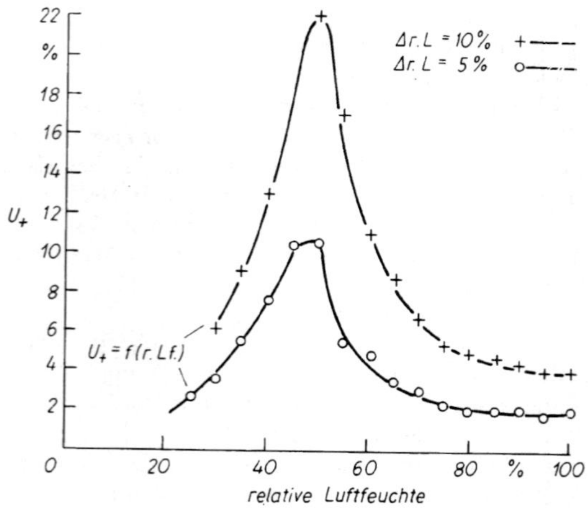


Bild 14. Positive, relative Masseänderung von Polyamidseide Nm 450(1) [2,2 tex(1)] in Abhängigkeit von der relativen Luftfeuchte ($U_+$ errechnet aus $\Delta\delta$)

Diese vereinfachte Betrachtung kann selbstverständlich die wahren Verhältnisse nicht exakt widerspiegeln, da z. B. der Einfluß der Nachhärtung außer acht gelassen wurde. So deutet aber in Verbindung mit den Ergebnissen des Abschnittes 5.1 darauf hin, daß durch eine Erhöhung der relativen Luftfeuchte bei der Reckung vorhandene Unterschiede ausgeglichen werden und damit eine *T*-Masern-Bildung verhindert werden kann. Dieses Ergebnis bestätigt auch die Angaben von *Masov* [22], der zur Verbesserung der Reckbarkeit die Erhöhung des Feuchteanteils der ungereckten Polyamidseide fordert.

## 6. *Zusammenfassung*

6.1. Mit zunehmender relativer Luftfeuchte bei der Lagerung von Spinnspulen mit ungereckter Polyamidseide verringerte sich die *T*-Masern-Intensität. Einen analogen Verlauf zeigen die Unterschiede im Verformungsverhalten. Die Höhe der positiven, relativen Masseschwankung (*T*-Masern-Intensität) ist der Größe des Unterschiedes im Verformungsverhalten längs der ungereckten Polyamidseide proportional.

6.2. Die Lagerung bei hoher relativer Luftfeuchte (90%) führt zur Annäherung vorhandener Strukturunterschiede längs der ungereckten Polyamidseide. Noch verbleibende Unterschiede können durch den Weichmachereinfluß der Feuchte bei einer Reckung in hoher relativer Luftfeuchte ausgeglichen werden. Es treten keine *T*-Masern auf. Eine niedrige relative Luftfeuchte bei der Reckung macht einen Ausgleich vorhandener Unterschiede im Verformungsverhalten nicht mehr möglich. Es ergeben sich *T*-Masern.

6.3. Der Strukturzustand unbefeuchteter ungereckter Polyamidseide wird stark von der auf sie einwirkenden Feuchte beeinflußt. Mit zunehmender relativer Luftfeuchte erhöhen sich Dichte, Mikrohärte und die Zugkraft bei konstanter Dehnung im Fließbereich ($P_{\delta=40\%}$) der Zugkraft-Dehnungs-Kurve. Die Dehnung bei konstanter Kraft im Fließbereich ($\delta_{P=30p}$) verringert sich erst oberhalb einer relativen Luftfeuchte von 80% wesentlich stärker.

6.4. Infolge des irreversiblen Charakters der durch Feuchteeinwirkung ausgelösten Nachhärtung bei der ungereckten Polyamidseide legt die höchste Feuchteeinwirkung den Strukturzustand fest. Damit können Unterschiede in der Nachhärtung innerhalb der Spinnspulen nur dann ausgeglichen werden, wenn die nachfolgende Feuchteeinwirkung der bei der Vorbehandlung aufgetretenen maximalen Feuchteeinwirkung entspricht.

6.5. Der Einfluß der relativen Luftfeuchte bei der Reckung macht sich besonders im unteren Beanspruchungsbereich der Zugkraft-Dehnungs-Kurven bemerkbar. Mit zunehmender relativer Luftfeuchte verringert sich die Anfangssteigung der Zugkraft-Dehnungs-Kurven und die die Reckung einleitende Zugkraft. Es zeichnet sich die Tendenz ab, daß bei hoher relativer Luftfeuchte ein Ausgleich von Härteunterschieden längs der ungereckten Polyamidseide möglich ist.

Der Verfasser dankt Herrn Prof. Dr.-Ing. habil. *W. Bobeth* für die klärenden Hinweise und die Unterstützung bei der Durchführung der Arbeit.

*Literatur*

[1] *Dittmann, H., Henkel, H., Kaufmann, S., Lochmüller, O.,* und *Richter, H.:* Dickstellen in gereckter Polyamidseide und ihre Entstehungsursachen. Teil 1: Das Erscheinungsbild der Dickstellen und die Theorie ihrer Entstehungsmöglichkeiten. Faserforsch. u. Textiltechnik **20** (1969) 6, S. 274-277.

[2] *Dittmann, H., Henkel, H., Kaufmann, S., Lochmüller, O.*, und *Richter, H.:* Dickstellen in gereckter Polyamidseide und ihre Entstehungsursachen. Teil 2: Theorie und Modellversuche. Faserforsch. u. Textiltechnik **20** (1969) 6, S. 278-284.

[3] *Bobeth, W.*, und *Piechottka, G.:* Textilprüfung. Lehrbriefe für das Fernstudium, Heft 1. Berlin: Verlag Technik 1962.

[4] *Mieck, K.-P.:* Untersuchungen über das Verformungsverhalten unverstreckter Polyamidseiden unterschiedlicher Vorbehandlungen im Hinblick auf die Aufklärung der *T*-Masern-Bildung. Diplomarbeit TU Dresden, Institut für Textiltechnik, 1967.

[5] Institut für Textiltechnologie der Chemiefasern Rudolstadt-Schwarza. Forschungsbericht 060/09/5-09/2: Physikalische Messungen an Chemiefaserstoffen.

[6] *Kunze, H.:* Diffusion von Wasser in Polyamid. Dissertation TH Aachen 1958.

[7] *Jost, W.:* Diffusion, Methoden der Messung und Auswertung. Darmstadt: Steinkopff 1957.

[8] *Crank, J.:* The mathematics of diffusion. Oxford 1964.

[9] *Dittmann, H., Henkel, H., Kaufmann, S., Lochmüller, O.*, und *Richter, H.:* Dickstellen in gereckter Polyamidseide und ihre Entstehungsursachen. Teil 4: Der Wasserhaushalt der Spinnspule. Faserforsch. u. Textiltechnik **20** (1969) in Vorbereitung.

[10] *Schuller, E.*, und *De Riz, O.:* Hygroskopisches Verhalten der Perlonseide. Faserforsch. u. Textiltechnik **6** (1955) 4, S. 152—157.

[11] *Bobeth, W.:* Zum Fixiernachweis an synthetischen Faserstoffen, insbesondere an Polyamiden. Dt. Textiltechnik **8** (1958) 8, S. 371—378.

[12] *Bobeth, W.*, und *Piechottka, G.:* Mikroskopische Quellungsuntersuchungen an mechanisch beanspruchten Polyamidfaserstoffen. Faserforsch. u. Textiltechnik **10** (1959) 10, S. 464—472.

[13] *Bobeth, W.:* Nutzungsmöglichkeiten der Textilmikroskopie. Dt. Textiltechnik **15** (1965) 1, S. 39—48; 2, S. 93—99.

[14] *Reichle, A.*, und *Prietzschk, A.:* Spinnprozeß und Kristallstrukturen von Perlon-Fäden. Angew. Chemie **74** (1962) 15, S. 562—569.

[15] *Stuart, H. A.:* Die Physik der Hochpolymeren, Band 3. Berlin/Göttingen/Heidelberg: Springer 1955.

[16] *Meredith, R.:* Properties depending on the amorphous regions of fibers. Kapitel XII in: *J. M. Preston*, Fibre Science. Manchester: The Textile Institute 1949.

[17] *Yamaguchi, Y.*, und *Oyanagi, K.:* Festigkeitseigenschaften von Textilfasern bei verschiedenen Temperaturen und Feuchtigkeiten. Kobunshi Kagaku, Tokyo (Chem. High Polymers) **16** (1959) 165, S. 19—26.

[18] *Pollit, J.:* The importance of humidity in textile manufacture. J. Textile Inst. **41** (1950) S. P1—P6.

[19] *Sommer, H.:* Eigenschaftsänderungen der Textilien durch Umwelteinflüsse. Faserforsch. u. Textiltechnik **7** (1956) 1, S. 1—13.

[20] *Sommer, H.*, und *Vieth, H.:* Untersuchungen über das Klimaverhalten von Textilien. I. Die Veränderung des Berstfestigkeitsverhaltens von Geweben aus verschiedenen Faserstoffen durch Klimaeinflüsse. Faserforsch. u. Textiltechnik **12** (1961) 7, S. 309—324.

[21] *Winkler, F., Barth, R.*, und *Sommer, H.:* Untersuchungen über das Klimaverhalten von Textilien. II. Die Veränderung des Zugfestigkeitsverhaltens von Geweben aus verschiedenen Faserstoffen durch Klimaeinflüsse. Faserforsch. u. Textiltechnik **14** (1963) 11, S. 474—485.

[22] *Masov, A.:* Über die Verformung unverstreckter Kapronfasern. Tekstil. Prom., Moskva (Textil-Ind.) (1957) 12, S. 16—17.

*Eingegangen am 10. Januar 1969*

# Der Einfluß der Heißnachreckung auf die Gebrauchseigenschaften von Polyamidcord

*Klaus-Peter Mieck und Joachim Pilz*

*151. Mitteilung aus dem Institut für Textiltechnologie der Chemiefasern, Rudolstadt-Schwarza (Direktor: Dipl.-Ing. H. Bürger)*

DK 677.494.675.062:677.494.021.97:677.017.8
677.017.272:539.412:536.42

Es wird über die Eigenschaften heißnachgereckter Polyamidcorde unterschiedlicher Feinheiten berichtet. Nach einer kurzen Betrachtung zur erforderlichen Verweilzeit des Cordes in der Heizzone wird der Einfluß der Temperatur und Zugkraft bei der Heißnachreckung auf die Gebrauchseigenschaften der Polyamidcorde beschrieben.

*Влияние горячего ориентировочного вытягивания на эксплуатационные свойства полиамидного корда*

Приведены данные о свойствах образцов полиамидного корда различной тонины, подвергнутых горячему ориентировочному вытягиванию. После краткого обсуждения необходимой продолжительности пребывания корда в зоне обогрева рассматривается влияние температуры и растягивающего усилия при горячем вытягивании на эксплуатационные свойства полиамидных кордных образцов.

*The Effect of Hot After-Stretching on the Performance of Polyamide Cord Filaments*

Polyamide cord filaments of different denier were subjected to hot after-stretching. After discussing the residence time required in the heating zone, the effects of temperature and stretching force applied on the performance of the cords is described.

## 1. Einleitung

Die Bedeutung des Einsatzes von Polyamidcordseide in der Reifenindustrie nimmt auch im europäischen Raum zu. Der optimale Einsatz setzt zur Vermeidung eines übermäßigen Wachstums der mit Polyamidcord hergestellten Reifen u. a. eine Heißnachreckung des Polyamidcordes voraus. Durch die Heißnachreckung werden dabei insbesondere die Zugkraft-Dehnungs-Eigenschaften des Materials verändert. Diese Änderung der Eigenschaften ist abhängig von den bei der Heißnachreckung angewandten Bedingungen.

In einer vorangegangenen Arbeit [1] wurde der Einfluß der Reckung der Seide auf die Eigenschaften daraus hergestellter Polyamidcorde behandelt und der Einfluß der Heißnachreckung angedeutet. Im vorliegenden Beitrag wird näher auf den Einfluß der Parameter der Heißnachreckung, wie Zugkraft, Temperatur und Verweilzeit, auf die Gebrauchseigenschaften von Polyamidcorden unterschiedlicher Feinheiten eingegangen.

*Tabelle 1. Versuchsmaterial*

| Hersteller | Polyamidcordseide | Polyamidcord |
|---|---|---|
| 1 | 76 tex nicht thermostab. | 76 tex Z 500 × 2 S 500 |
| 2 | 94 tex thermostabil | 94 tex Z 500 × 2 S 500 |
| 2 | 140 tex thermostabil | 140 tex Z 392 × 2 S 392 |
| 3 | 188 tex thermostabil | 188 tex Z 320 × 2 S 320 |

## 2. *Versuchsmaterial*

Für die Untersuchungen wurden die in Tabelle 1 angeführten handelsüblichen Polyamid-6-Cordseiden unterschiedlicher Feinheit sowie die daraus hergestellten Corde verwendet. Die Herstellung der Corde erfolgte auf einer Ringzwirnmaschine.

## 3. *Versuchsdurchführung und Prüfung*

Die Heißnachreckung der Polyamidcorde führten wir mit der bereits in [1] beschriebenen Versuchseinrichtung durch. Für die Versuche wurde wiederum eine Temperaturabstufung von 165, 180, 195 und 210 °C gewählt. Bei der Wahl der erforderlichen Zugkräfte für die Heißnachreckung wurde die unterschiedliche Feinheit des Versuchsmaterials berücksichtigt. Es wurden Zugkräfte von etwa 20, 30 und 40% der Reißkraft des jeweiligen Cordes benutzt. Tabelle 2 enthält die angewandten Reckkräfte.

Auf die notwendige Verweilzeit der Corde unterschiedlicher Feinheit in der Heizzone wird in einem gesonderten Abschnitt eingegangen.

Bei der Prüfung wurden die insbesondere durch die Heißnachreckung beeinflußbaren Eigenschaften der Corde erfaßt. So wurden die Zugfestigkeits- und Dehnungseigenschaften ($P_{\max}$, $\delta_{P\max}$, $\delta_{P=4{,}5\,\mathrm{kp}}$) und die Eigenschaften nichteingebetteter und in Gummi eingebetteter Corde bei dynamischer Beanspruchung (Verlustarbeit $H$, Elastizitätsmodul $E$, bleibende Dehnung $\Delta L_{P\min} \triangleq \delta_{bl}$, relativer Reißkraftverlust $\Delta P/Po$) ermittelt. Die Untersuchung der Eigenschaften erfolgte mit den in [1] genannten Verfahren. Dabei wurden die in [1] gewählten Bedingungen und die Auswertung der Ergebnisse beibehalten.

### 3.1. *Zur Verweilzeit der Corde unterschiedlicher Feinheit in der Heizzone*

In [1] wurde bereits darauf hingewiesen, daß sich die notwendige Verweilzeit des Cordes in der Heizzone nur rein experimentell auf Grund der erzielten Eigenschaftsveränderungen bestimmen läßt. Sie ist außerdem abhängig von den verwandten Anlagen. Nach Angaben in der Literatur [2, 3] liegt die Verweilzeit im Bereich von 15 bis 60 s. Um die Zahl der Versuchsparamter einzuschränken, wurde in der vorangegangenen Arbeit [1] die in der Verweilzeit enthaltene Zeit bis zum Erreichen der jeweiligen Temperatur im Faden rechnerisch bestimmt und dann, ausgehend von der praktischen Erfahrung, eine konstante Verweilzeit für alle Versuche festgelegt.

*Tabelle 2. Reckkräfte*

| Cordfeinheit | Reckkraft in kp | Reckkraft in % der Reißkraft des Rohcordes |
|---|---|---|
| 76 tex × 2 | 2 | 21 |
| | 3 | 32 |
| | 4 | 43 |
| 94 tex × 2 | 2 | 15 |
| | 3 | 22 |
| | 5 | 37 |
| 140 tex × 2 | 5 | 25 |
| | 7 | 35 |
| | 9 | 45 |
| 188 tex × 2 | 6 | 21 |
| | 8 | 27 |
| | 10 | 34 |

Es erschien uns sinnvoll, auch bei den hier beschriebenen Untersuchungen in ähnlicher Weise vorzugehen.

Zur Berechnung der Zeit bis zum Erreichen der Verstrecktemperatur wurde in [1] von dem Modell der nichtstationären Erwärmung eines unendlich langen Zylinders mit dem Radius $R$ in Umgebung von konstanter Temperatur ausgegangen. Die Größen $a$, $\alpha$ und $\lambda$ wurden als konstant angenommen. Aus der Lösung der allgemeinen Differentialgleichung für die nichtstationäre Wärmeleitung unter Beachtung der Oberflächen- und Anfangsbedingungen sowie möglicher Vereinfachungen [4] ergab sich nach Umstellung die Zeit bis zum Erreichen der Verstrecktemperatur zu [1]:

$$t = \frac{R^2}{a\mu_1^2} \ln \frac{T_u - T_m}{(T_u - T_c) \cdot C_m}, \qquad (1)$$

wobei

$$C_m = \frac{2\,J_1(\mu_1)}{\mu_1\,[J_0^2(\mu_1) + J_1^2(\mu_1)]}. \qquad (2)$$

In (1) und (2) bedeuten

- $J_0$, $J_1$ *Bessel*-Funktionen nullter und erster Ordnung,
- $\mu_1$ Lösung von $\mu_1 J_1(\mu_1) = J_0(\mu_1)$ Bi,
- Bi *Biot*-Zahl Bi $= \alpha \cdot R/\lambda$,
- $a$ Temperaturleitfähigkeit $a = \lambda/c \cdot \varrho$,
- $\lambda$ Wärmeleitfähigkeit,
- $c$ Spezifische Wärme,
- $\varrho$ Dichte,
- $\alpha$ Wärmeübergangszahl,
- $R$ Cordradius,
- $T_u$ Umgebungstemperatur,
- $T_m$ Temperatur in Cordmitte,
- $T_c$ Anfangstemperatur.

Die Zahlenwerte für $C_m$ und $\mu_1$ sind in [4] in Abhängigkeit von der *Biot*-Zahl tabelliert. Für $\lambda$ und $c$ können mittlere Werte für den interessierenden Bereich der Literatur [5, 6] entnommen werden. Die Gleichung (1) läßt sich für die hier vorkommenden größeren Werte von 1/Bi nach [4] mit $C_m \sim 1$ und $\mu_1^2 = 2\,\mathrm{Bi}$ weiter vereinfachen. Die Zeit bis zum Erreichen der Verstrecktemperatur ergibt sich dann zu

$$t = -\frac{c \cdot \varrho \cdot R}{2\alpha} \ln \frac{T_u - T_m}{T_u - T_c}. \qquad (3)$$

Gleichung 3 zeigt, daß unter der Voraussetzung einer konstanten spezifischen Wärme und Dichte die Zeit bis zum Erreichen der Recktemperatur von der Feinheit des Materials und von der Wärmeübergangszahl abhängig ist.

Die exakte Bestimmung der Wärmeübergangszahl bereitet Schwierigkeiten, da bisher keine experimentellen Ergebnisse für ein System ruhende Luft/bewegter Cord vorliegen. Zur angenäherten Berechnung der Wärmeübergangszahl bei der Ermittlung der Abkühlung beim Erspinnen synthetischer Seiden erwähnt *Ziabicki* [7] die zwei Möglichkeiten — unbewegter Draht/ruhende Luft und unbewegter Draht/Gasstrom —, von denen ausgegangen werden kann. Dabei liegen die aus der Analogie — unbewegter Draht/Gasstrom — errechneten Werte für $\alpha$ höher als die aus der Analogie — unbewegter Draht/ruhende Luft — errechneten Werte [7].

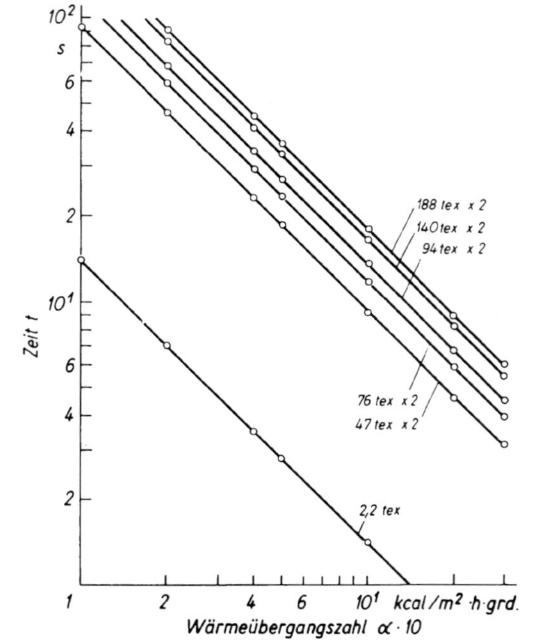


Bild 1. Zeit bis zum Erreichen der Recktemperatur im Faden in Abhängigkeit von der Wärmeübergangszahl

(Parameter: Feinheit)

Unter Berücksichtigung der Versuchsanordnung und des beim Cord vorliegenden dichtgepackten Bündels von Elementarfäden wurde in [1] ein Wert für die Wärmeübergangszahl in Anlehnung an den Wärmeübergang an zylindrischen Drähten bei freier Konvektion nach [8] errechnet. Berechnet man auch hier nach [8] die Wärmeübergangszahl, so ergibt sich, da $\alpha$ auch vom Durchmesser der Probe abhängig ist, für die einzelnen hier untersuchten Feinheiten ein Bereich von 42 bis 51 kcal/m² · h · grd. Eine überschlägige Berechnung der Wärmeübergangszahl nach *Wilhelm* [11] aus der Analogie ,,parallel angeströmte Drähte" ergab für die vorliegenden Verhältnisse und Feinheiten nur geringfügig höhere Werte.

In Bild 1 wurde die nach (3) errechnete Zeit bis zum Erreichen der Recktemperatur in Abhängigkeit von der Wärmeübergangszahl für die üblichen Cordfeinheiten dargestellt. Die Darstellung gilt für folgende Bedingungen:

$$\frac{T_u - T_m}{T_u - T_c} = 0{,}01,$$

$$c = 0{,}6 \text{ kcal/kg} \cdot \text{grd } [5],$$
$$\varrho = 1{,}14 \cdot 10^3 \text{ kg/m}^3 \text{ } [9].$$

Der Einfluß des Durchmessers geht deutlich aus der als Vergleich eingezeichneten Geraden für die Feinheit 2,2 tex hervor. Die Zeiten liegen bei dieser für die Texturierung eingesetzten Feinheit gegenüber den Cordfeinheiten um etwa eine Zehnerpotenz niedriger. Sie entsprechen den in der Literatur [10] für den Texturierprozeß genannten Verweilzeiten bei der Temperaturbehandlung.

Ausgehend von der rechnerisch ermittelten Zeit bis zum Erreichen der Recktemperatur (Bild 1) unter Berücksichtigung der Wärmeübergangszahlen und den Ergebnissen praktischer Vorversuche wurden als Verweilzeiten für die Feinheiten 188 tex × 2 und 140 tex × 2 50 s und für 94 tex × 2 und 76 tex × 2 40 s festgelegt.

## 4. *Untersuchungsergebnisse*

### 4.1. *Statische Untersuchungen*

In den Bildern 2 bis 5 sind die Reißkraft, Reißdehnung und Bezugsdehnung bei 4,5 kp der nachgereckten Polyamidcorde in Abhängigkeit von der Temperatur bei der Heißnachreckung dargestellt. Als Parameter wurden die in Tabelle 2 aufgeführten Reckkräfte gewählt. Die maximale Kraftstufe entsprach etwa 40% der Reißkraft. Zusätzlich sind die entsprechenden Prüfwerte des unbehandelten Rohcordes mit eingezeichnet.

Durch die Heißnachreckbedingungen werden die statischen Prüfwerte sowohl in ihrer Höhe als auch in der Tendenz unterschiedlich beeinflußt. Die geringste Einflußnahme tritt bei der Reißkraft auf. Diese verändert sich zumindest bis zu einer Recktemperatur von 195°C nur unbedeutend gegenüber der des unbehandelten Rohcordes. Die stärkste Beeinflussung ist bei der Reißdehnung festzustellen. Diese Ergebnisse werden von *Kenyon* [12, 13] bestätigt.

Der Verlauf der Reißkräfte in Abhängigkeit der Recktemperatur und -kraft ist jeweils im oberen Teil der Bilder 2 bis 5 aufgetragen. Hieraus ist der bereits erwähnte geringe Einfluß der Heißnachreckung auf die Reißkräfte ersichtlich. Die Reißkräfte unterscheiden sich nur unmaßgeblich von denen der unbehandelten Rohcorde. Erst bei Temperaturen über 195°C und

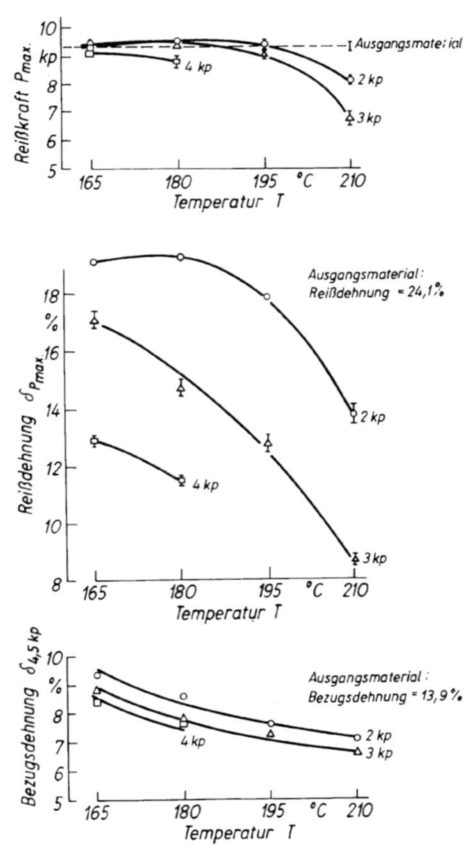


Bild 2. Reißkraft, Reißdehnung, Bezugsdehnung = *f* (Recktemperatur) von PA-co 76 tex × 2 nicht thermostabil (Parameter: Reckkraft)

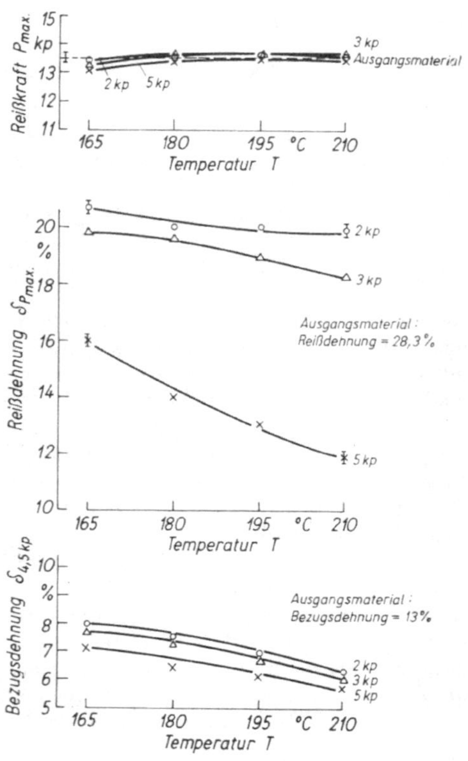


Bild 3. Reißkraft, Reißdehnung, Bezugsdehnung = *f* (Recktemperatur) von PA-co 94 tex × 2 thermostabil (Parameter: Reckkraft)

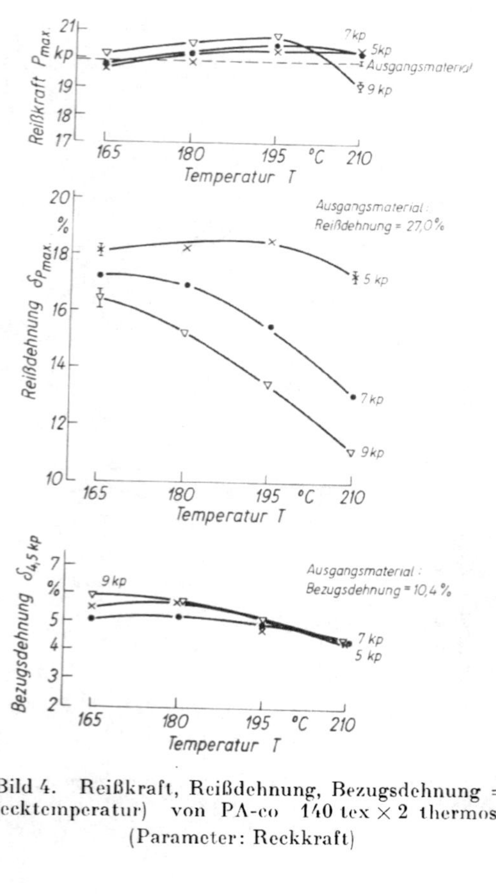


Bild 4. Reißkraft, Reißdehnung, Bezugsdehnung = *f* (Recktemperatur) von PA-co 140 tex × 2 thermostabil (Parameter: Reckkraft)

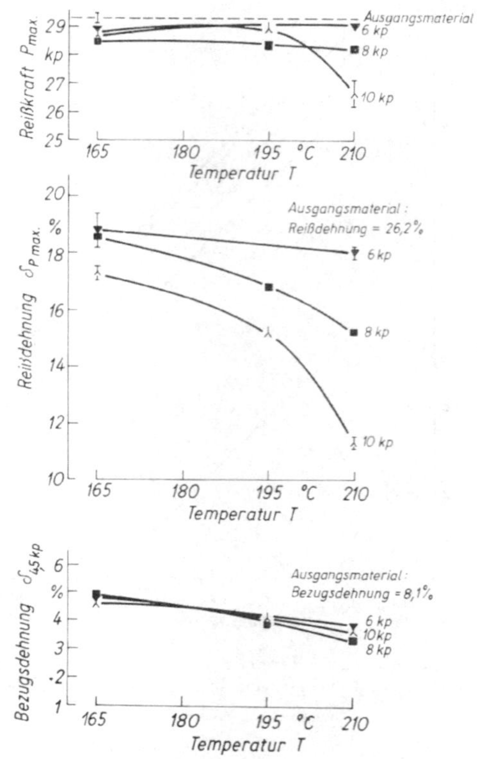


Bild 5. Reißkraft, Reißdehnung, Bezugsdehnung = *f* (Recktemperatur) von PA-co 188 tex × 2 thermostabil (Parameter: Reckkraft)

Reckkräften von mindestens 40% der Reißkraft des Rohcordes nimmt die Festigkeit der behandelten Corde ab. Der Reißkraftverlust beträgt bei einer je nach Feinheit eingestellten Reckkraft von 35% im Mittel 9%. Es ist anzunehmen, daß unter diesen extremen Bedingungen sekundäre Haftpunkte des Netzwerkes zerstört werden und möglicherweise einige Molekülketten selbst zerreißen bzw. eine teilweise Zerstörung der kristallinen Struktur der Fibrillen erfolgt. Bei dem Cord der Feinheit 76 tex × 2 (Bild 2) werden die strukturbedingten Veränderungen vermutlich durch eine thermische Schädigung überlagert, denn dieses Material ließ sich bereits bei einer Zugkraft von 4 kp (43% Rohcord-Reißkraft) und einer Temperatur ab 195 °C nicht mehr heißnachrecken [1]. Im Gegensatz zu den anderen Cordproben war dieser Polyamidcord nicht thermostabilisiert.

Die Heißnachreckung von Polyamid-6-Corden dieser und ähnlicher Konstruktion sollte auf Grund des Festigkeitsverlustes bei Temperaturen $\leqq$ 195 °C und Zugkräften $\leqq$ 35% der Reißkraft des Rohcordes erfolgen.

Der Verlauf der Reißdehnung ist in Abhängigkeit von den Heißnachreckbedingungen im mittleren Teil der Bilder 2 bis 5 dargestellt. Die Reißdehnung der untersuchten Rohcorde wurde durch die Heißnachreckung maßgeblich reduziert, und zwar verringerte sie sich bei einer Recktemperatur von 195 °C und einer Reckkraft von 35% der Reißkraft des Rohcordes im Mittel um etwa 50%. Auf Grund der gegenwärtig bekannten Strukturvorstellungen ist anzunehmen, daß die Abnahme der Reißdehnung bei der Heißnachreckung im wesentlichen auf einer weiteren Entknäuelung und Ausrichtung der Molekülketten in den nichtgeordneten Bereichen beruht. Dabei bilden sich neue sekundäre Haftpunkte zwischen den Molekülketten aus, die zu einer Versteifung des Netzwerkes führen und die Dehnbarkeit reduzieren. Außerdem verringert sich die Corddrehung infolge der Heißnachreckung [13], was zusätzlich eine Abnahme der Reißdehnung bewirkt.

Aus dem Kurvenverlauf ergibt sich, daß bis zu einer Reckkraft von 20% der Reißkraft des Rohcordes der Einfluß der Recktemperatur auf die Verringerung der Reißdehnung gering ist. Die Erhöhung der Temperatur bei diesen Reckkräften bewirkt vermutlich noch keine Veränderung in den geordneten Bereichen, sondern es werden nur die oben erwähnten Vorgänge in den ungeordneten Bereichen ablaufen.

Eine Ausnahme bildet der Cord der Feinheit 76 tex × 2 (Bild 2). Hier tritt auch bei geringen Zugkräften oberhalb 180 °C bereits eine deutliche Dehnungsreduzierung in Erscheinung, die durch thermischen Abbau bzw. höhere innere Beweglichkeit hervorgerufen sein könnte, da dieses Material, wie bereits erwähnt, nicht thermostabilisiert ist.

Oberhalb einer Reckkraft von 20% nimmt die Reißdehnung mit steigender Temperatur und Zugkraft ab. Bei diesen höheren Zugkräften kommt es offenbar neben der Ausrichtung in den ungeordneten Bereichen auch zu einer Umorientierung der geordneten Bereiche in Richtung der Fadenachse, und zwar um so mehr, je höher die innere Beweglichkeit durch die Erhöhung der Recktemperatur wird.

Unter Berücksichtigung des Einflusses der Recktemperatur auf die Dehnungsreduzierung des Cordes sollte die Heißnachreckung bei einer Zugkraft von mehr als 20% der Reißkraft des Rohcordes erfolgen.

Im unteren Teil der Bilder 2 bis 5 ist der Verlauf der Bezugsdehnung als Funktion der Heißnachreckbedingungen aufgezeichnet. Die Bezugsdehnung der untersuchten Rohcorde, als Kennwert für die Dehnung des Cordfadens im unteren Belastungsbereich, wird durch die Heißnachreckung bei 195 °C und 35% Reckkraft ebenfalls durchschnittlich um etwa 50% gesenkt. Die Ursache hierfür ist die bereits oben beschriebene Versteifung des Netzwerkes. Die Bezugsdehnung nimmt mit steigender Recktemperatur und -kraft noch geringfügig ab, wobei die Temperatur einen größeren Einfluß als die Zugkraft ausübt. Frühere Untersuchungen [1] führten zu gleichen Ergebnissen.

### 4.2. *Dynamische Untersuchungen*

#### 4.2.1. *Dauerzugwechselbeanspruchung*

In den Bildern 6 bis 8 sind die mit Hilfe des Verfahrens zur Dauerzugwechselbeanspruchung [1] ermittelten Prüfwerte der bleibenden Dehnung, der volumenbezogenen Verlustarbeit und des Elastizitätsmoduls von je drei Rohcorden und heiß nachgereckten Corden unterschiedlicher Feinheit dargestellt.

Auch die dynamischen Kennwerte des Rohcordes verändern sich durch die Heißnachreckung in Größe und Richtung. Die bleibende Dehnung des Cordes wird kleiner, volumenbezogene Verlustarbeit und Elastizitätsmodul nehmen zu. Bei der volumenbezogenen Verlustarbeit handelt es sich allerdings um eine unbedeutende Zunahme.

Der Verlauf der bleibenden Dehnung ist im oberen Teil der Bilder 6 und 8 als Funktion der Recktemperatur mit der Reckkraft als Parameter aufgetragen. Gegenüber dem Rohcord verringert sich die bleibende Dehnung bei 195 °C Recktemperatur und 35% Reckkraft um durchschnittlich 55%. Die Abnahme steht mit der Reduzierung der Reißdehnung beim statischen Zugversuch (Bilder 2 bis 5) im Einklang und wird auf die bereits diskutierten Struktur- und Dehnungsveränderungen zurückgeführt. Außerdem verrringert sich die bleibende Dehnung geringfügig mit zunehmender Recktemperatur und -kraft, wobei der Temperatureinfluß überwiegt.

Der Kurvenverlauf der volumenbezogenen Verlustarbeit ist im mittleren Teil der Bilder 6 bis 8 aufgezeichnet. Die Verlustarbeit des bei 195 °C und mit 35% Zugkraft heißnachgereckten Cordes übersteigt um durchschnittlich 25% den Wert des Rohcordes. Weiterhin nimmt die Verlustarbeit mit steigender Temperatur und Reckkraft zu. Die Einflußnahme der Temperatur ist ebenfalls größer. Die Zunahme der Verlustarbeit erscheint im Vergleich zu der Elastizitätserhöhung infolge der Strukturveränderungen des Cordes widersprüchlich. Bedingt durch das der Praxis angepaßte Prüfprinzip (konstante minimale Vorlast, konstante Dehnungsamplitude, veränderliche Kraftamplitude) ergibt sich mit zunehmender Reckung eine Verschiebung des Arbeitspunktes zu höheren Kraftamplituden [1], woraus auch eine höhere Verlustarbeit resultiert.

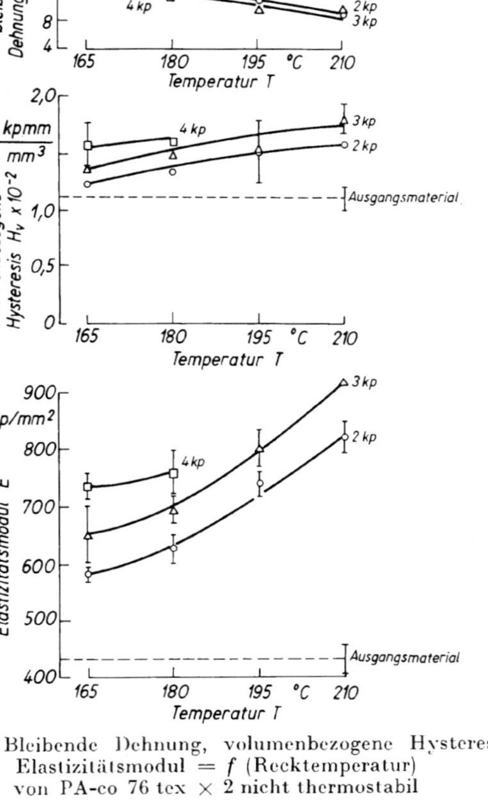


Bild 6. Bleibende Dehnung, volumenbezogene Hysterese, Elastizitätsmodul = *f* (Recktemperatur) von PA-co 76 tex × 2 nicht thermostabil (Parameter: Reckkraft)

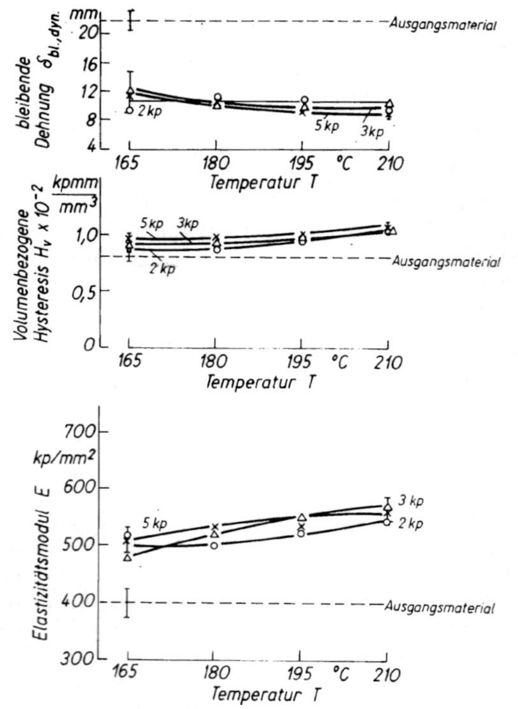


Bild 7. Bleibende Dehnung, volumenbezogene Hysterese, Elastizitätsmodul = $f$ (Recktemperatur) von PA-co 94 tex × 2 thermostabil (Parameter: Reckkraft)

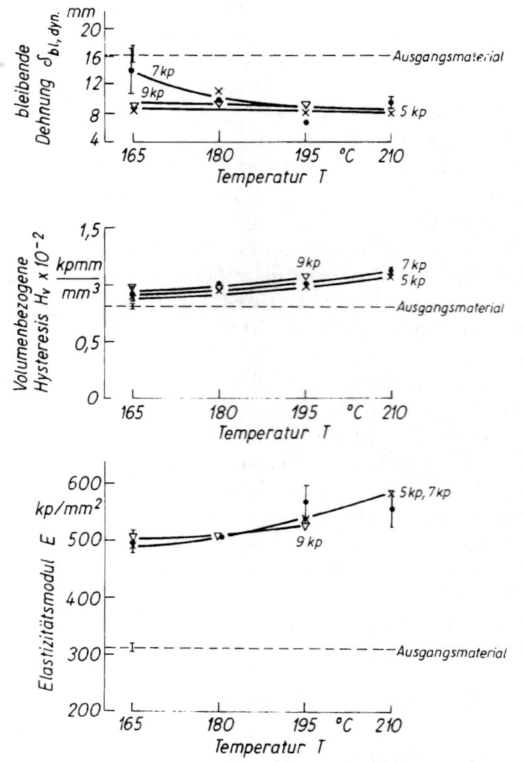


Bild 8. Bleibende Dehnung, volumenbezogene Hysterese, Elastizitätsmodul = $f$ (Recktemperatur) von PA-co 140 tex × 2 thermostabil (Parameter: Reckkraft)

Der Elastizitätsmodul (Bilder 6 bis 8) des Rohcordes erhöht sich durch die Heißnachreckung bei einer Temperatur von 195 °C und mit einer Zugkraft von 35% der Reißkraft des Rohcordes um durchschnittlich 70%. Die Zunahme des Elastizitätsmoduls stimmt mit dem steileren Anstieg der Kraft-Längenänderungs-Diagramme (siehe Bilder 2 bis 5) der heißnachgereckten Corde gegenüber dem Rohcord überein. Außerdem erhöht sich der Elastizitätsmodul mit steigender Recktemperatur. Die Wirkung der Reckkraft ist von untergeordneter Bedeutung. Allerdings erscheint die Zunahme des Elastizitätsmoduls mit steigender Feinheit des Cordes unlogisch, denn der feinere Cord besitzt gegenüber dem stärkeren ein flacheres Kraft-Längenänderungs-Diagramm. Diese Erscheinung beruht wiederum auf der oben beschriebenen Verschiebung des Arbeitspunktes mit zunehmender Reckung bei der dynamischen Beanspruchung.

Insgesamt werden die dynamischen Kennwerte der untersuchten Corde bei der Heißnachreckung vorrangig von der Recktemperatur verändert. Der Einfluß der Reckkraft ist im untersuchten Bereich kaum nachweisbar, so daß eine bevorzugte Reckkraft nicht angegeben werden kann.

#### *4.2.2. In-Rubber-Test*

Die Ergebnisse der dynamischen In-Gummi-Prüfung beim Vibrator-Test nach *Friedemann* [1] sind für drei Corde unterschiedlicher Feinheit im Bild 9 wiedergegeben. Dieses Prüfverfahren dient zur Ermittlung der Ermüdungsbeständigkeit. Das Ermüdungsverhalten wird durch den relativen Reißkraftverlust nach einer dynamischen Beanspruchung von $36 \times 10^4$ Lastwechseln charakterisiert und ist in Abhängigkeit von den Heißnachreckbedingungen dargestellt. Eine hohe Ermüdungsbeständigkeit entspricht einem geringen Reißkraftverlust.

Durch die Heißnachreckung bei einer Temperatur von 195 °C und einer Reckkraft von 35% der Reißkraft des Rohcordes erhöht sich der Reißkraftverlust des Rohcordes im Mittel um das 1,7fache. Mit zunehmender Recktemperatur und -kraft steigt der Reißkraftverlust weiter an. Somit nimmt die Ermüdungsbeständigkeit des Polyamidcordes durch die Heißnachreckung ab, und zwar um so mehr, je extremer die Reckbedingungen gewählt werden. Über ähnliche Versuchsergebnisse berichteten bereits japanische Forscher [4]. Auch *Kenyon* [13] stellte eine Reduzierung der Ermüdungsbeständigkeit fest, die er vorwiegend auf die Abnahme der Corddrehung bei der Heißnachreckung zurückführte. Nach eigenen Untersuchungen [1] beruht die Abnahme der Ermüdungsbeständigkeit vorwiegend auf der Verringerung der Corddehnung, die wiederum ihre Ursache in einer Struktur- und Drehungsänderung hat. Dabei ist allerdings zu bemerken, daß Polyamidcord gegenüber anderen herkömmlichen textilen Einlagematerialien eine ausgezeichnete Ermüdungsbeständigkeit besitzt. Eine Verringerung ist noch ohne spürbare Herabsetzung der Gebrauchstüchtigkeit des Cordes zu vertreten. Trotzdem sollte die Reck-

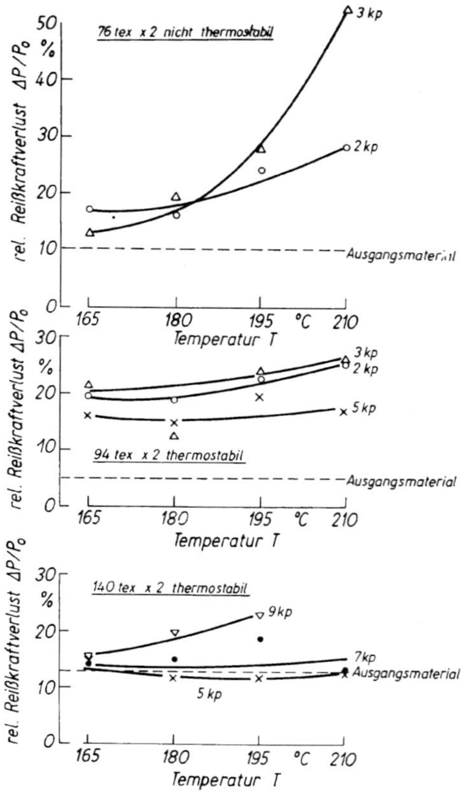


Bild 9. Rel. Reißkraftverlust = *f* (Recktemperatur) von PA-co verschiedener Feinheiten (Parameter: Reckkraft)

temperatur nicht über 195 °C und die Reckkraft nicht über 35% der Reißkraft des Rohcordes gewählt werden, damit die dynamischen Reißkraftverluste etwa 20% nicht wesentlich überschreiten.

## 5. *Zusammenfassung*

An vier Polyamidcorden unterschiedlicher Feinheit wurde der Einfluß der Heißnachreckung auf ihre Gebrauchseigenschaften untersucht. Dabei wurde insbesondere der Einfluß der Parameter Verweilzeit, Zugkraft und Temperatur betrachtet.

Durch die Heißnachreckung verändern sich die statischen und dynamischen Kennwerte des Rohcordes in Abhängigkeit von Temperatur und Zugkraft. Dabei nehmen Reißdehnung, Bezugsdehnung, bleibende Dehnung und Ermüdungsbeständigkeit ab. Die Verlustarbeit und der Elastizitätsmodul erhöhen sich. Bei hoher Temperatur und Zugkraft ist eine Abnahme der Reißkraft zu verzeichnen.

Der Einfluß der Temperatur auf die Eigenschaftsänderungen überwiegt den der Zugkraft im untersuchten Bereich. Die Zu- und Abnahme der Kennwerte ist im Zusammenhang mit Struktur- und Drehungsänderungen zu sehen.

Nach diesen Untersuchungen erscheinen bei einstufiger Heißnachreckung für Polyamid-6-Corde zur Erzielung der erforderlichen Dehnungsreduzierung und zur Vermeidung größerer Verluste der Reißkraft und Ermüdungsbeständigkeit eine Temperatur von 195 °C und Zugkräfte im Bereich von 20 bis 35% der Reißkraft des Rohcordes geeignet. Die Verweilzeit wurde, ausgehend von theoretischen Überlegungen, für die Feinheiten 188 tex × 2 und 140 tex × 2 mit 50 s und für 94 tex × 2 und 76 tex × 2 mit 40 s festgelegt.

Die weiterhin für die Beurteilung des Cordes erforderlichen Werte der Schrumpfung wie auch die der dynamischen Prüfung der Corde der Feinheit 188 tex × 2 werden in einer weiteren Arbeit betrachtet.

## *Literatur*

[1] *Mieck, K.-P.:* Zum Einfluß der Verstreckung von Polyamidcordseide auf die Gebrauchseigenschaften daraus hergestellter Polyamidcorde. Teil I. II. Faserforsch. u. Textiltechnik **19** (1968) 4, S. 182–187; 5, S. 202 bis 210.

[2] *Ebert, A.:* Entwicklung der Chemiefasern für den technischen Einsatz. Kautschuk u. Gummi **13** (1960) 10, S. WT 323–WT 328.

[3] *Patterson, R. G., McCrea, H. H.,* und *Howe, D. E.:* Cordverarbeitung und Vulkanisation von Nyloncordreifen. Rubber World (1958) 6, S. 409–417.

[4] *Grigull, U.:* Temperaturausgleich in einfachen Körpern. Berlin/Göttingen/Heidelberg: Springer 1964.

[5] *Holzmüller, W.,* und *Altenburg, K.:* Physik der Kunststoffe, Berlin: Akademie-Verlag 1961.

[6] *Tautz, H., Glück, M., Hartmann, G.,* und *Leuteritz, R.:* Die spezifische Wärme von Hochpolymeren in Abhängigkeit von der Vorgeschichte des Materials. Plaste u. Kautschuk **11** (1964) 11, S. 657–661.

[7] *Ziabicki, A.:* Die Wärmeübertragung beim Spinnen synthetischer Fasern nach dem Schmelzspinnverfahren. II. Wissenschaftlich-technische und ökonomische Konferenz der Chemiefaserindustrie in Łódź vom 15. bis 23. Okt. 1958.

[8] *Krischer, O.:* Die wissenschaftlichen Grundlagen der Trocknungstechnik. Berlin/Göttingen/Heidelberg: Springer 1963.

[9] *Bobeth, W.,* und *Mally, A.:* Textile Faserstoffe. Lehrbriefe für das Fernstudium, Heft 10. Berlin: Verlag Technik 1964.

[10] *Becker, O.,* und *Hobe, S.:* Indirekte Messung der wirksamen Fadentemperatur, die sich innerhalb der Heizkammern von Falschdrahtmaschinen ausbildet. Melliand Textilber. **47** (1966) 8, S. 867–872.

[11] *Wilhelm, G.:* Die Abkühlung eines aus der Schmelze gesponnenen polymeren Fadens im Spinnschacht. Kolloid-Z./Z. Polymere **208** (1966) 2, S. 97–123.

[12] *Kenyon, D.:* Properties and performance of Nylon 6.6 tyre cords larger than those of conventional construction. J. Textile Inst. **57** (1966) S. T112–T129.

[13] *Kenyon, D.:* Study of the possible methods of improving the modulus of Nylon 6.6 tyre cords. J. Textile Inst. **59** (1968) 9, S. 415–431.

[14] Toyo Rayon Company, Ltd.: Tire Cord News 3.

*Eingegangen am 30. Januar 1969*

# Kurze Mitteilungen[1)]

## Ein einfaches Verfahren zur Beurteilung der Haftkraft von Reifencord an Gummi

DK 677.062:678.4:678.7:677.017.424.25:677.017.8

Bekanntlich haben Fahrzeugreifen, Antriebsriemen, Förderbänder und technische Schläuche als Trägergerüst Gewebe, Gewirke oder Cord aus unterschiedlichen Faserstoffen. Neben den Eigenschaften der einzelnen Komponenten werden die Gebrauchseigenschaften maßgeblich durch die Bindung des Trägergerüstes an dem umgebenden Gummi beeinflußt. Der labormäßigen Bestimmung der Haftkraft zwischen den Verstärkungsmaterialien und dem Gummi kommt daher besondere Bedeutung zu.

Als Haftkraft wird die Zugkraft, die zur Überwindung der Bindungskräfte zwischen Cord und Gummi erforderlich ist, definiert. Für die Bestimmung der Haftkraft sind verschiedene Verfahren geeignet, die von *Lauckner* [1] beschrieben wurden. Das bekannteste Prüfverfahren stellt der sogenannte H-Test [2] dar. Beim H-Test wird der Cordfaden in Richtung der Fadenachse aus dem Gummi herausgezogen. Die Trennung zwischen Cord und Gummi erfolgt also durch eine Zugscherbeanspruchung [1]. Die ermittelte Haftkraft wird vom Fadendurchmesser und von der Kontaktlänge zwischen Cord und Gummi beeinflußt. Mit zunehmender Kontaktlänge steigt die Haftkraft an. Eine natürliche Grenze bietet die Reißkraft des Cordes. Bei dem bei diesen Versuchen angewandten H-Test ist der Cord über eine Länge von 35 mm in Gummi eingebettet, wobei die wahre Kontaktlänge jeweils 10 mm an den beiden Fadenenden beträgt. Die beiden verstärkten Gummischenkel an den Cordenden werden in die untere bzw. obere Spezialeinspannvorrichtung (Bild 1) eines ZT-Zugfestigkeitsprüfgerätes eingelegt, wobei der eingebettete Cord in den senkrechten Nuten der beiden Klemmen in Zugrichtung liegt. Die Beanspruchungsgeschwindigkeit beträgt 100 mm/min. Die Trennung vom Gummi erfolgt statistisch verteilt im oberen oder unteren Prüfkörperschenkel.

Eine wesentliche Bedeutung kommt der Herstellung der Prüfkörper zu. Dabei sollte vorzugsweise auf einfach aufgebaute Prüfkörper, bei deren Herstellung wenig zusätzliche Fehlerquellen auftreten können, zurückgegriffen werden. Die Abmessungen und die Ausführung der Prüfkörper für den H-Test sind in den einzelnen Laboratorien unterschiedlich. Einzelheiten der Prüfkörperherstellung gehen aus der Literatur [1, 3] hervor. Im allgemeinen sind für die Herstellung zwei Gummimischungen oder ein gummiertes Cordgewebe und eine Gummimischung erforderlich. Das Cordgewebe, das quer zur Beanspruchungsrichtung angeordnet wird, dient zur Erhöhung der Seitenstabilität des Prüfkörpers bei der Verformung durch Zugbeanspruchung. Neben dem Vorhandensein von zwei Aufbaubestandteilen und dem damit verbundenen komplizierten Prüfkörperaufbau ist außerdem für die Prüfungsdurchführung anstelle der oberen und unteren Klemme eine Spezialeinspannvorrichtung erforderlich.

Zur Umgehung der komplizierten Prüfkörperherstellung wurde ein einfaches Verfahren zur Bestimmung der Haftkraft entwickelt, das in der Beanspruchung dem vorher beschriebenen H-Test entspricht. Unterschiede bestehen nur in der Prüfkörperform und Prüfmethodik. Das Verfahren wird in den nachfolgenden Ausführungen als modifizierter H-Test bezeichnet. Bei der Herstellung der Prüfkörper wird jeweils ein Cord zentrisch in ein 1 cm langes Gummiklötzchen einvulkanisiert. Die Kontaktlänge beträgt damit 1 cm. Zur Prüfung sitzt der Gummiprüfkörper in einer ringförmigen

[1)] Die Veröffentlichung der „Kurzen Mitteilungen" erfolgt unter alleiniger Verantwortung der Verfasser.

Bild 1. Einspannvorrichtung mit Prüfkörper für den *H*-Test

Bild 2. Einspannvorrichtung mit Prüfkörper für den modifizierten *H*-Test

Einspannvorrichtung (Bild 2), die anstelle der oberen Klemme angebracht ist. Im Boden dieser Einspannvorrichtung befindet sich eine Bohrung, durch die der Cord von der unteren Einspannklemme eines ZT-Zugfestigkeitsprüfgerätes mit einer Geschwindigkeit von 50 mm/min abgezogen wird. Die Verringerung der Abzugsgeschwindigkeit gegenüber dem H-Test war erforderlich, da bei diesem Verfahren geringere Haftkräfte auftreten. Der Abzug des Prüfgerätes wird nach Überschreitung der Trennfestigkeit zwischen Cord und Gummi stillgesetzt und am Kraftmesser die erzielte Haftkraft abgelesen. Je Versuch werden 24 Prüfkörper verwandt.

Für den Vergleich zwischen den Ergebnissen der beiden beschriebenen Prüfverfahren zur Ermittlung der Haftkraft gingen wir von einer Vielzahl von Proben aus, die einen möglichst großen Haftkraftbereich überschreiten. Bild 3 zeigt den so ermittelten Zusammenhang zwischen den Ergebnissen der Prüfung der Haftkraft nach den zwei Verfahren. Daraus folgt ein annähernd linearer Zusammenhang zwischen den Haftkraftwerten. Die Gerade der Form $y = ax + b$ wurde mit Hilfe der Methode der kleinsten Quadrate zu $y = 1{,}67x + 1{,}91$ bestimmt. Der enge Zusammenhang zwischen der Haftkraft nach dem H-Test und der nach dem modifizierten H-Test drückt sich im Korrelationskoeffizienten von $r = 0{,}98$ aus.

Neben dem Vergleich zwischen beiden Verfahren wurde die Reproduzierbarkeit des modifizierten H-Testes durch zahlreiche Untersuchungen nachgewiesen. Bei Wiederholungsprüfungen ergaben sich Unterschiede von maximal 2%.

Die Ergebnisse zeigen damit, daß ein Verfahren entwickelt wurde, das sich durch einfache reproduzierbare Prüfkörperherstellung und Prüfungsdurchführung auszeichnet. Außerdem stimmen die Haftkraftwerte, die mit diesem Verfahren ermittelt werden, mit denen des bekannten H-Testes überein.

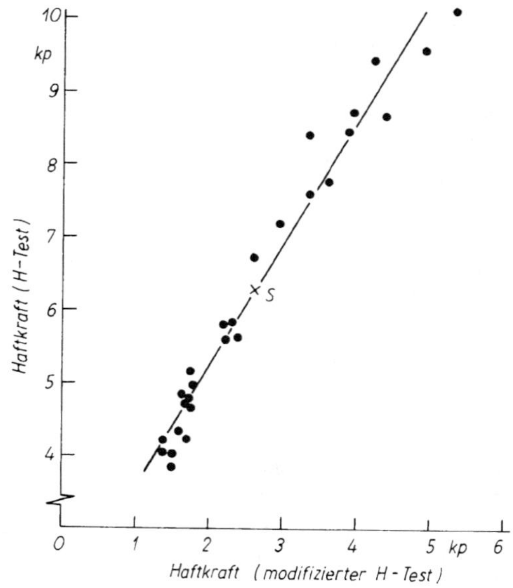


Bild 3. Zusammenhang zwischen den Ergebnissen der Prüfung der Haftkraft nach zwei Verfahren

*Literatur*

[1] *Lauckner, W.*: Überblick über die bekanntesten Prüfverfahren zur Ermittlung der Haftfestigkeit im Gummi-Textil-System. Mitt. Inst. Textiltechnol. Chemiefasern Rudolstadt **4** (1960) 3, S. 182—191.

[2] Study of the "H"-test for evaluating the adhesive properties of tire cord in natural and GR-S rubbers. India Rubber World **114** (1946) 5, S. 213—217, 219.

[3] VII. Die Gummi-Gewebe-Bindung und ihre Prüfung 2. Teil: Die Prüfung. Bayer. Mitt. für die Gummiindustrie (1961) 29, S. 69—88.

*Klaus-Peter Mieck* und *Joachim Pilz*

Institut für Textiltechnologie der Chemiefasern Rudolstadt-Schwarza

*Eingegangen am 21. November 1968*

# Neue Bücher

*Grundkurs in Statistik — ein programmiertes Lehrbuch in zwei Bänden.* Von *L. G. Gotkin* und *L. S. Goldstein.* Bd. 1. Bd. 2. München/Wien: R. Oldenbourg 1967. XIV, 237 S. mit 74 Abb. und 61 Tab.; 1968. XIV, 209 S. mit 128 Abb. und 64 Tab. Spiralbd. je DM 28,50.

Das vorliegende Buch bildet die von *G. Kirschmer* und *E. Groten* vorgenommene authorisierte Übersetzung des 1965 im Verlag John Wiley & Sons, Inc., New York, erschienenen Originalwerkes „Descriptive Statistics, a programed textbook". Es stellt das erste deutschsprachige programmierte Lehrbuch der mathematischen Statistik dar.

Schon im Vorwort weisen die Autoren darauf hin, daß es nur wenige Gebiete gibt, die einem Studenten mehr Beklemmung verursachen als gerade die Statistik. Dafür werden folgende fünf Gründe angegeben:

1. Eine große Anzahl von Studenten hat schon in der Schule recht trübe Erfahrungen mit der Mathematik gemacht;
2. Selbst Studenten mit besseren Erfahrungen graut es vor der Statistik, wenn sie lange nichts mit Mathematik zu tun hatten;
3. Statistik-Lehrbücher sind für den Anfänger verwirrend;
4. Die Vorlesungen über Statistik sind oft so knapp gehalten, daß die Hörer weder mit dem Stoff noch mit den Schwierigkeiten des Gegenstandes fertig werden;
5. Die Studenten werden so in Formeln und Rechenverfahren eingesponnen, daß sie den Sinn der Zahlen selbst nicht mehr sehen.

Auf diese Gründe nimmt der Aufbau des programmierten Lehrbuchs sehr viel Rücksicht. Es stellt mehr dar als eine bloße Aufeinanderfolge von Sätzen mit Frage- und Antwortspiel. Durch die Forderung, sich zu äußern, wird der Student auf das Wesentliche des Stoffes gelenkt. Der Stoff läßt sich auch leichter verarbeiten, weil er vom Einfachen zum Komplizierten führend aufgebaut ist. Um dies tatsächlich zu gewährleisten, mußte das Programm verschiedene Tests durchlaufen, ehe es zu dem vorliegenden Buch zusammengestellt wurde.

Der Stoff des Bandes 1 gliedert sich in sechs Kapitel. Im ersten Kapitel „Grundmenge und Teilmenge" werden auf 21 Seiten Begriffe und Definitionen, Fragen der Datenerfassung und der Gebrauch von Zufallszahlen behandelt. Das zweite Kapitel „Variable" umfaßt 17 Seiten. Über die „Anordnung der Daten", wie Methoden der Tabellierung, Häufigkeitsverteilung, Perzentile, Quartile und Dezile, wird auf 14 Seiten im Kapitel III geschrieben. Umfangreicher (46 Seiten) ist das Kapitel IV „Darstellung der Daten". Im Kapitel V „Elementare statistische Maßzahlen" werden auf 59 Seiten Modus oder häufigster Wert, Mediane, Perzentile und Perzentilenrang sowie das Mittel eingeführt oder vertieft. Das letzte Kapitel „Streuungsmaße" behandelt auf 45 Seiten Spannweite, interquartile und semi-interquartile Spannweite, Streuung, Standardabweichung und Rechenformeln für $s$ und $s^2$ sowie Merkmaltransformationen (zur Normierung der Verteilung). Der Band 1 endet mit einer Reihe von Übungsblättern und einer Anzahl Aufgaben.

Im Band 2 sind drei weitere Kapitel enthalten. Die „Normalkurve" wird im Kapitel VII auf 71 Seiten abgehandelt. In fünf Teilen werden einführende Begriffe, die Einheits-Normalkurve, die Bestimmung von $z$-Merkmalen für Perzentilen, $T$-Merkmale und die Verwendung der Normalkurve zur Meßstabsbestimmung für Variable erläutert. Das Kapitel VIII gilt der Korrelation. Es umfaßt auf 58 Seiten die Teile Begriffe, Rechenverfahren, Berechnung von $r$ aus gruppierten Daten, Berechnung einer Matrix von Interkorrelationen, Rangkorrelation sowie Zuverlässigkeit und Gültigkeit. Im Kapitel IX wird auf 60 Seiten die Regression behandelt. Neben einer Einführung enthält es einen Überblick über die Algebra der graphischen Darstellung von geraden Linien, bedingte Verteilungen, die Berechnung der Regressionslinie und den Standardfehler der Schätzung, die Begriffe erklärte und unerklärte Variation, die Beziehungen zwischen Korrelation und Regression sowie die Schätzung von X und Y. Band 2 endet mit einigen Aufgaben (ohne Lösungen) und einem Nachwort.

Leider sind im Band 1 eine Reihe von Druckfehlern und mißverständlichen Schreibweisen enthalten, die der Student nicht immer als solche erkennt und die in einer gewiß erforderlichen zweiten Auflage berichtigt werden sollten. Im einzelnen sind dem Rezensenten aufgefallen:

Auf Seite 69 muß es im Absatz 42 nicht 10, sondern 100 heißen. Im Absatz 80 auf Seite 128 muß Rechnen statt Lesen stehen. Mehrere Fehler befinden sich auf Seite 139, und zwar ist in den Antworten zu den Absätzen 17 und 21 $\overline{X}$ statt $X$, in der Antwort zu Absatz 22 dagegen $X$ statt $\overline{X}$ zu schreiben. Auf Seite 140 ist entweder in Absatz 27 „Häufigkeit" durch einen Strich zu ersetzen oder in der zugehörigen Antwort „Häufigkeit oder $h$" zu streichen. Die Schreibweise in der Antwort zu Absatz 26 ist mißverständlich, es sollte besser $X = 30$, $h = 2$, $hX = 60$ geschrieben werden. In der Antwort zu Absatz 50 auf Seite 145 muß „eine" statt „sind" stehen. Über der zweiten Antwortspalte zu Absatz 56 auf Seite 146 fehlt „$d$". In den ersten Antwortspalten zu den Absätzen 56 und 57 auf den Seiten 146 und 147 sollten die zweiten Zahlen vollständig gedruckt und nicht nur durch ihre Einer ersetzt werden, da weder vorher noch nachher nur die Einer gesetzt worden sind. Die Antworten zu den Absätzen 76 und 77 auf Seite 151 sind miteinander zu vertauschen. In der ersten Gleichung der Antwort zu Absatz 86 auf Seite 154 ist „$h$" zu streichen. Statt $\overline{X}$ ist in Absatz 100 auf Seite 157 $\overline{X}_{(X)}$ zu schreiben. Über der Tabelle im Absatz 8 auf Seite 162 fehlt die gesperrt zu druckende Angabe „Tabelle A". Die beiden Merkmalsspalten sollten besser mit „$X$" überschrieben werden, denn dann wird deutlich, daß die beiden Ergebnisse $\Sigma hX$ statt $\Sigma X$ lauten müssen. Zu den Absätzen 12 und 13 auf Seite 163 und ihren Antworten ist zu sagen, daß sich auch die Häufigkeit der extremen Merkmale ändern darf, sie darf nur nicht Null werden. Im Absatz 11 auf Seite 165 muß es $Q_3$ statt $Q_2$ heißen. Da die Anzahl Punkte im Absatz 4 auf Seite 166 gleich $X$ zu setzen ist und die Punktanzahlen mit verschiedener Häufigkeit vorkommen, muß statt $\Sigma X$ zweimal $\Sigma hX$ geschrieben werden. Die beiden Antworten zu Absatz 55 auf Seite 185 werden übersichtlicher, wenn „mit" gestrichen und die zweite Antwort deutlich von der ersten abgesetzt wird. Durch die mit einem Multiplikationszeichen verwechselbaren Punkte zwischen $C^2$ und Zahl bzw. $C$ und Zahl in den beiden Antworten zu Absatz 56 auf Seite 185 werden die Antworten unübersichtlich. Es sollten besser Kommata gesetzt werden. In Absatz 61 auf Seite 202 sind für Geschichte 53 statt 63 anzugeben, um den Zusammenhang mit den folgenden Absätzen zu wahren.

Auch im Band 2 sind einige Druckfehler und nicht ganz eindeutige Antworten enthalten. So ist die Antwort 42,5 zu Absatz 42 auf Seite 12 nicht die einzig mögliche Antwort, die jetzige Formulierung verwirrt den Studenten. Im Absatz 35 auf Seite 26 muß es statt $+ 0{,}62$ richtig $- 0{,}62$ für $z$ heißen. Auf den Seiten 27 und 28 ist einiges durcheinander geraten. Die jetzige Antwort zu Absatz 40 gehört noch zur Antwort zu Absatz 38. Dafür stellt $z = 1{,}04$ die Antwort zu Absatz 40 dar, es ist in der Antwort zu Absatz 41 zu streichen. In der sechsten Zeile von Absatz 76 auf Seite 34 muß es 53 statt 63 lauten. Auf Seite 38 ist im Absatz 19 $Z$ durch $z$ zu ersetzen und „= ——" zu streichen. Die beiden Antworten „$T$-Merkmale" und „der Normalkurve" in der Antwort zu Absatz 61 auf Seite 53 sollten besser getrennt werden. In Abbildung D auf Seite 64 sind die fünf Spalten genauer zu überschreiben, z. B. die erste Spalte mit „Note", die zweite und dritte Spalte gemeinsam mit „$z$-Merkmal" und die vierte und fünfte Spalte gemeinsam mit „$T$-Merkmal". Teilweise sind die Gleichungen schon nach der gesuchten Unbekannten aufgelöst, die nur noch zu berechnen ist. Statt „Lösen Sie nach . . . auf" sollte daher „Berechnen Sie . . ." geschrieben werden. Das trifft z. B. auf „$r$" in Absatz 22 auf Seite 88, auf „$r_{12}$" in Absatz 65 auf Seite 98 und auf „$\Sigma(Y - \hat{Y})^2$" in Absatz 63 auf Seite 173 zu.

Diese wenigen Mängel im Druck setzen den Wert des Grundkurses in keiner Weise herab. Gerade in einer Zeit, in der das Selbststudium eine immer größere Bedeutung erlangt, ist es wichtig, die Grundkenntnisse in nicht ganz einfach verständlichen Gebieten dem Lernenden so gut wie möglich aufbereitet anzubieten. Da erfahrungsgemäß auch die mathematische Statistik vielen Lernenden Schwierigkeiten bereitet, ist die Mühe der Autoren mit diesem programmierten Lehrbuch nicht hoch genug einzuschätzen. Das Buch ist allen denen zu empfehlen, die sich in dieses Gebiet einarbeiten oder die Grundbegriffe wiederholen wollen.

*F. Winkler*

*Texturierte Garne.* Die Herstellung und Verarbeitung von Kräuselfäden aus Polyamid, Polyester und Polyakrylnitril. Von *H. Scherzberg.* Heidelberg: Melliand Textilberichte 1968. 124 S. A 4. Kart. DM 32,—.

Dieser Bericht stellt eine Zusammenstellung der 18 Veröffentlichungen von *H. Scherzberg* und *G. Hölzing* in Melliand Textilberichte **47** (1966) und **48** (1967) dar. Er behandelt die Herstellung von Polyamid-, Polyester- und Polyacrylnitriltexturseiden nach den vier Grundverfahren zur Seidetexturierung: Torsions-, Stauch-, Kanten- und Schlingenverfahren, und ihre Verarbeitung. Gegenüber der Veröffentlichungsreihe erfolgten nur geringe Veränderungen der ursprünglichen Aufeinanderfolge, so daß nunmehr die allgemeine Beschreibung der Texturierung von Seiden und der aus Texturseiden gefertigten Artikel am Anfang der Arbeit zunächst einen guten Gesamtüberblick vermittelt. Daran schließen sich Ausführungen an über Torsionskräuselverfahren mit einfacher und zusätzlicher Wärmebehandlung und über den Einfluß der Maschineneinstellungsbedingungen auf den Ausfall der Kräuselung bei Polyamid-, Polyester- und Polyacrylnitrilseiden, Ausführungen über die Stauchkräuselung, wobei auf spezielle Bedingungen bei Polyamid- und Polyesterseiden eingegangen wird, über die Kantenkräuselmethode mit besonderer Erörterung der Polyamidseiden-Kantentexturierung und schließlich über das Schlingenkräuselverfahren. Der letzte Abschnitt befaßt sich mit den einzelnen Arbeitsstufen bei der Färbung und Ausrüstung von Texturseiden bzw. der daraus gefertigten Flächengebilde.

Der besondere Vorzug dieser Arbeit gegenüber anderen Monographien zum Thema „Texturierung" besteht darin, daß das zu texturierende oder bereits texturierte Material im Mittelpunkt der Ausführungen steht. Aufbauend auf Literaturrecherchen und den umfangreichen Erfahrungen des Autors auf diesem Gebiet, werden die Eigenschaften des Ausgangsmaterials, sein Verhalten während der Texturierung und die Eigenschaftsbeeinflussungen durch die mechanischen und thermischen Beanspruchungen während des Texturierens analysiert und die Zusammenhänge an Hand zahlreicher Diagrammdarstellungen verdeutlicht. Interessant sind die Ausführungen über Möglichkeiten und Grenzen der Texturierung von Polyacrylnitrilseiden, da dieses Gebiet in der Literatur bisher nirgendwo intensiv behandelt wurde. Somit kann der Technologe, der mit der Einführung oder Optimierung einer Seidentexturierungsmethode beauftragt ist, wertvolle Hinweise über kritische Momente bei der Herstellung, Verarbeitung und Ausrüstung sowie entsprechende Vorsichtsmaßnahmen zur Vermeidung von Fehlern erhalten. In diesem Zusammenhang werden Richtwerte zur zweckmäßigen Maschineneinstellung, Wahl der Ausrüstungsbedingungen usw. angegeben. Da derartige Problemstellungen in der Praxis nach wie vor im Zusammenhang mit der Herstellung und Verarbeitung von Texturseiden auftreten, hat diese Zusammenstellung an Aktualität noch nicht verloren und stellt ein wesentliches Hilfsmittel beim Eindringen und Vertiefen in dieses neue Fachgebiet dar. Die Erörterung wissenschaftlicher Grundlagen und Abhängigkeiten steht nicht so stark im Vordergrund, zumal diesbezüglich noch zahlreiche unbestätigte Hypothesen und auch ungeklärte Parameter auftreten, was den allgemeinen Überblick stören würde.

Die Beschreibung der maschinentechnischen Ausführung der eigentlichen Texturiereinrichtungen beschränkt sich auf die nunmehr bereits als klassisch zu bezeichnenden Elemente, während die neueren konstruktiven Fortschritte und Tendenzen auf Grund der zeitlich weiter zurückliegenden Ausarbeitung nicht berücksichtigt wurden bzw. werden konnten. In gleicher Weise dürfte auch die Tatsache zu werten sein, daß die Ausführlichkeit der Betrachtungen zum Echtdraht- und Kantenkräuselverfahren der gegenwärtigen Bedeutung dieser Texturierverfahren widerspricht und andererseits Möglichkeiten der Kombination der Texturierung mit anderen Arbeitsstufen der Chemieseidenerzeugung (z. B. Recken) sowie von den Grundprinzipien abgeleitete Verfahrensrichtungen unerwähnt bleiben. Die Angaben über die Produktionsvolumina der Texturseiden insgesamt, wie auch über den Anteil der verschiedenen Syntheseseiden bei den einzelnen Texturierverfahren, dürften ebenfalls nicht mehr den augenblicklichen Gegebenheiten entsprechen. was bei einem Nachdruck beachtet werden sollte. *A. Mally*

*Spektroskopische Methoden in der organischen Chemie. Von D. H. Williams* und *I. Fleming.* Aus dem Englischen übersetzt von *B. Zeeh,* Stuttgart: Georg Thieme 1968. VII, 223 S. Brosch. DM 9,—.

Das Buch soll dem Anfänger sowie dem fortgeschrittenen Studenten als Lehrbuch dienen und vom in der Forschung Tätigen als Handbuch benutzt werden. Ein kurzes einführendes Kapitel weist auf die Bedeutung physikalischer Methoden in der modernen organischen Chemie hin, wobei auch einige im Buch nicht beschriebene Methoden erwähnt werden. In den Kapiteln 2 bis 5 werden Elektronenanregungsspektren, Infrarot- und Ramanspektren, kernmagnetische Resonanzspektren und Massenspektren ausführlicher behandelt. Die Darstellungsweise ist in den einzelnen Kapiteln entsprechend dem Entwicklungsstand und der Bedeutung der jeweiligen Methode verschieden. Das Kapital über Elektronenanregungsspektren enthält einige allgemeine Hinweise zur Messung von UV-Spektren, einen Abschnitt über die wichtigsten Definitionen und zahlreiche Tabellen und Beispiele. Das Kapitel über IR- und Ramanspektren ist im wesentlichen eine Aneinanderreihung von Zuordnungstabellen und Tabellen charakteristischer Frequenzen für bestimmte Gruppen. Im Kapitel über die kernmagnetische Resonanz wird eine kurze Einführung in den Kernspin und den Bau der NMR-Spektrometer gegeben. Die chemische Verschiebung, Spin-Spin-Kopplung und Faktoren, die die Kopplungskonstanten beeinflussen, werden beschrieben. Bei den Massenspektren werden die Bauteile der Spektrometer und die Gesetzmäßigkeiten der Bruchstückbildung für Verbindungen mit verschiedenen funktionellen Gruppen behandelt. Das sechste Kapitel enthält schließlich einige ausgearbeitete Beispiele für die kombinierte Anwendung der vier spektroskopischen Methoden und einige weitere Probleme zum „amusement“, deren Lösung gesondert angegeben ist.

An jedes Kapitel wurde eine kurze Bibliographie für eingehendere Studien angefügt. Originalliteratur wird nur in wenigen Fällen zitiert. Das Werk wird seiner Aufgabe als einführendes Lehrbuch vollauf gerecht, da es den Studenten mit der Anwendung moderner Analysenmethoden vertraut macht und bei Praktikumsaufgaben hilft. Als Nachschlagewerk erscheint es aber wegen der geringen für die einzelnen Methoden zur Verfügung stehenden Seitenzahl weniger geeignet. Zu erwähnen ist der trotz guter Aufmachung niedrige Preis, der auch die Anschaffung mehrerer Exemplare zum Gebrauch am Arbeitsplatz ermöglicht.
*J. Dechant*

*Advances in Polymer Science and Technology.* S. C. I. Monograph No. 26. London: Society of Chemical Industry 1967. 4, 396 S. Lwd. 5,— $.

Die Veranstalter von Vortragstagungen gehen immer mehr dazu über, den Text der Vorträge als geschlossenes Ganzes zu veröffentlichen. Neben Sonderheften der verschiedensten Periodica stehen dafür bereits spezielle Serien einiger Zeitschriften zur Verfügung. Die englische Society of Chemical Industry folgt einer Tradition anderer Art, wenn sie die Texte ihrer Vortragsveranstaltungen als S. C. I. Monographs in Buchform herausgibt.

Die vorliegende Monographie enthält die Texte der Vorträge und Diskussionsbeiträge eines Symposiums, das die Plastik- und Polymergruppe der S. C. I. gemeinsam mit der Institution of the Rubber Industry und dem Plastic Institute vom 20. bis 22. 9. 1966 in London veranstaltete. Die Gliederung der 25 Vorträge in vier Sektionen unter den Schlagworten: Struktur, Polymerisation, Abbau und Rheologie von Polymeren deutet nur den Inhalt an. Die Beiträge behandeln die verschiedensten Gebiete der makromolekularen Chemie, worauf hier nicht näher eingegangen werden soll, zumal die einzelnen Themen bereits in der Sekundärliteratur referiert wurden und der interessierte Leser dadurch auf den speziellen Inhalt hingewiesen wurde. Den Polymerchemikern und jedem, der in irgendeiner Form mit diesem Gebiet in Berührung kommt, seien die aktuellen Übersichtsartikel der Eröffnungsvorträge von *Sharples, Bevington, Grassie* und *Atkinson* besonders empfohlen. Den Beziehern dieser Zeitschrift empfiehlt der Rezensent, sich in ihrem Betrieb oder ihren Institutionen die Ausleihwünsche für die einschlägigen Bände der „Monographs“ anzusehen, um sich selbst davon zu überzeugen, daß es sich um „gefragte“ Literatur handelt. Dem steht bedauerlicherweise entgegen, daß sie offensichtlich noch zu wenig verbreitet und deshalb sehr schwer zu erreichen ist. Zumindest größere Bibliotheken sollten hier Abhilfe schaffen.

Übrigens sei bereits Verzweifelten gesagt, daß alle Arbeiten des vorliegenden Bandes in den Chemical Abstracts irrtümlich als Band 25 deklariert wurden. Sie werden sie alle im Band 26 finden! *W. Makschin*

# Patentschau

*Auszug aus der Lieferung 1/2/1969 der Patentschau „Faserstoffe und Textiltechnik“, Ausgabe A: Faserstoffe einschl. Kunststoffe und organ. Grundsubstanzen, zusammengestellt von der Abteilung Wissenschaftliches Berichtswesen des Instituts für Faserstoff-Forschung der DAW, 153 Teltow-Seehof, Kantstr. 55*

Die Patentschau ist nach der deutschen Patentklasseneinteilung gegliedert. Es bedeuten: DDP = DDR-Patent; DBP = Deutsches Bundespatent; DAS = (West)-Deutsche Auslegeschrift; OeP = Österreichisches Patent; PoP = Polnisches Patent; SzP = Schweizer Patent; FrP = Französisches Patent; GBP = Britisches Patent; SvP = Schwedisches Patent; SUP = Sowjetisches Patent; ČSP = Tschechoslowakisches Patent; USP = Amerikanisches Patent; — A = Anmeldedatum, B = Tag der Ausgabe der Patent- bzw. Auslegeschrift

*Klasse 12o, 6. Synthetische Derivate der Kohlenhydrate u. dergl., z. B. Celluloseester, auch Viscose*

SzP 464167. Verfahren zur Herstellung von Cellulosederivaten. Erf.: *Kenji Naito, Hiroaki Nomura, Yasuo Noguchi* u. *Takehiko Kajiura.* Inh.: Takeda Chemical Industries, Ltd., 27, Doshomachi 2-chome, Higashi-ku, Osaka (Ja). A. 1. 6. 64. Kl.: 12o, 6. A.-Z.: 7158/64. Prior.: 1. 6. 63, 3. 6. 63 u. 6. 9. 63 (Ja; A.-Z.: 28997/63, 29128/63 u. 47498/63).

USP 3403145 Zus. z. Pat. m. A.-Z.: 208916. A. 10. 7. 62. Acetylierung von Cellulose. Erf.: *Dexter Edge, jr.* u. *Robert G. Rickey.* Inh.: Rayonier Inch

Olympic Research Division, Shelton, Wash. 98584. A. 26. 6. 67, B. 24. 9. 68. Kl.: 260–227. 4 Anspr. A.-Z.: 649050. Entspr. SzP 405696 u. GBP 964197.

*Klasse 12o, 14. Aromatische Carbonsäuren und Harzsäuren (teilweise)*

JaP 18768/68. Reinigung von Dimethylterephthalat. Inh.: Teijin Hercules Co. Ltd. A. 4. 3. 65, B. 15. 8. 68. Kl.: 16C. A.-Z.: 12748/65.

*Klasse 12p, 5. Stickstoffringe der heterocyclischen Reihe mit einem Stickstoffatom. Sonstige Ringe mit einem Stickstoffatom ...; Lactame ... (teilweise)*

USP 3404148. Herstellung von ω-Laurinolactam. Erf.: *Johan W. Garritsen.* Inh.: Stamicarbon N. V., Heerlen (Nd). A. 17. 2. 66, B. 1. 10. 68. Kl.: 260–239, 3. 9 Anspr. A.-Z.: 528097. Prior.: 17. 2. 65 (Nd; A.-Z.: 6501941, 6501942).

USP 3404182. Verfahren zur Herstellung von Cyclohexanonoxim. Erf.: *Giuseppe Ribaldone, Corrado Brichta* u. *Adriano Nenz.* Inh.: Montecatini Edison S. p. A., Mailand (It). A. 10. 4. 63, B. 1. 10. 68. Kl.: 260–566. 4 Anspr. A.-Z.: 271860. Prior.: 11. 4. 62 u. 28. 12. 62 (It; A.-Z.: 7150/62 u. 25490/62).

*Klasse 29a. Mechanische Gewinnung von Gespinstfasern*

FrP 1544013. Maschine zum Schälen und Defibrieren fasriger Pflanzen. Inh.: Societa Collettiva Adriano Gardella & F. Llo. A. 28. 7. 67, B. 31. 10. 68. Int. Kl.: D 01b, A 01f u. D 21b. A.-Z.: 116059. Prior: 1. 8. 66 (It; A.-Z.: 17908/66).

USP 3403069 Zus. z. Pat. m. A.-Z.: 788461. A. 22. 1. 59. Harzbeschichtete Fasern für Formkompositionen. Erf.: *Burton A. Benson.* Inh.: Minnesota Mining and Manufacturing Co., St. Paul, Minn. A. 9. 3. 66, B. 24. 9. 68. Kl.: 161–170. 4 Anspr. A.-Z.: 551816.

JaP 19117/68. Konjugierte Fäden aus Acrylpolymerem. Inh.: Nippon Exlan Ind. Co. Ltd. A. 27. 7. 65, B. 19. 8. 68. Kl.: 42D. A.-Z.: 45518/65. Entspr. FrP 1487916 u. GBP 1089045.

USP 3402097. Teilweise trennbare, nichtelastische Zweikomponentenseide. Erf.: *John P. Knudsen, Arthur W. Lockwood jr.* u. *Robert P. Teulings.* Inh.: Monsanto Co., St. Louis, Mo. A. 21. 5. 64, B. 17. 9. 68. Kl.: 161–177. 8 Anspr. A.-Z.: 369259. Entspr. FrP 1456495 u. GBP 1088386.

USP 3403070. Unorientierter Polyolefinfaden mit Polyurethan-Schaumkern. Erf.: *John C. Lewis jr.* Inh.: Polymers, Inc., Moddlebury, Vt. A. 31. 1. 64, B. 24. 9. 68. Kl.: 161–175. 5 Anspr. A.-Z.: 341704. Entspr. FrP 1443106 u. GBP 1088506.

USP 3403422. Vorrichtung zum Erspinnen von Mehrkomponentenfäden. Erf.: *Kazumi Nakagawy, Nobuhiro Tsutsui* u. *Keiichi Zoda.* Inh.: Japan Exlan Co. Ltd., Osaka (Ja). A. 28. 6. 65, B. 1. 10. 68. Kl.: 18–8. 1 Anspr. A.-Z.: 467509. Prior.: 2. 7. 64 (Ja; A.-Z.: 39/37732). Entspr. FrP 1442691 u. GBP 1060337.

FrP 1544525. Verfahren und Vorrichtung zur Herstellung von Garnen aus ineinander verschlungenen synthetischen und künstlichen Fäden und so erhaltenes Produkt. Inh.: R. Torsellini. A. 15. 11. 67, B. 31. 10. 68. Int. Kl.: D 02j u. D 01d. A.-Z.: 128303. Prior.: 17. 11. 66 (It; A.-Z.: 786720).

JaP 19113/68. Gekräuselte Polyvinylalkoholfaserstoffe. Inh.: Kurashiki Rayon Co. Ltd. A. 24. 8. 64, B. 19. 8. 68. Kl.: 42D. A.-Z.: 47112/64. Entspr. FrP 1444644.

FrP 1528643. Verfahren zur Umwandlung von Fäden textiler Stoffe und Vorrichtungen zur Durchführung dieses Verfahrens. Inh.: M. S. M. Lefebvre. A. 12. 1. 67, B. 14. 6. 68. Int. Kl.: D 02g u. D 02j. A.-Z.: 18811.

SvP 214438. Verfahren und Apparat zum Kräuseln von Thermoplastfäden. Erf.: *D. Starkie* u. *M. W. Astle-Fletcher.* Inh. Lodge Lane Engineering Ltd., Derby (GB). A. 1. 9. 58, B. 1. 8. 67. Kl.: 29a, 6/20.

USP 3401516. Voluminöse Seide mit geringer Dehnbarkeit. Erf.: *Ronald W. Chidgey* u. *William H. Hills.* Inh.: Monsanto Co., St. Louis, Mo. A. 31. 5. 66, B. 17. 9. 68. Kl.: 57–140. 8 Anspr. A.-Z.: 553890. Entspr. FrP 1524895.

SzP 463691. Extrusionsvorrichtung mit drehbarer Platte für die Verarbeitung von Hochpolymeren. Erf.: *Claude Ledoux.* Inh.: Produits Chemiques Péchiney-Saint-Gobain, 16, avenue Matignon, Paris 8e (Fr). A. 12. 7. 67. Kl.: 29a, 6/30. A.-Z.: 9921/67.

ČSP 129045. Vorrichtung zum Direktverstrecken und Lagern von synthetischen Fasern. Erf.: *Zoltán Leško, Amadeus Pechár* u. *Teodor Sušanka.* A. 27. 4. 66, B. 15. 3. 68. Kl.: 29a, 6/30, Int. Kl.: D 01d. A.-Z.: 2782–66.

*Klasse 29b. Chemische Gewinnung bzw. Herstellung von Spinnfasern und Fäden sowie ihre Präparation für die textile Weiterverarbeitung*

SvP 213837. Verfahren zur Gewinnung von Wolle aus rohen Hautabfällen. Erf.: *H. Kessler.* Inh.: Ferentzi & Kessler, Aalen (DB). A. 18. 3. 65, B. 20. 6. 67. Kl.: 29b, 1/10.

SvP 215555. Verfahren zur Herstellung von Kunstseidenfasern aus Viskose mit hohem Polymerisationsgrad der Cellulose. Erf.: *Y. Aoki* u. *T. Kamei.* Inh.: Tachikawa Research Institute, Kyoto (Ja). A. 13. 10. 60, B. 26. 9. 67. Kl.: 29b, 3/20. Prior.: 2. 11. 59 (Ja; A.-Z.: 34256). Entspr. SzP 396301.

DAS 1273123. Verwendung von mit organischen Siliciumverbindungen modifiziertem Polyäthylenglykolterephthalat zur Herstellung von Fäden und Fasern. Erf.: *Walter Koller.* Anm.: Farbwerke Hoechst AG vorm. Meister Lucius & Brüning, 6000 Frankfurt. A. 18. 7. 64. B. 18. 7. 68. Kl.: 29b, 3/60. A.-Z.: P 12 73 123.6–43 (F 43487). Entspr. FrP 1441100 u. GBP 1089865.

DAS 1273742 Zus. z. Anm. m. A.-Z.: F 41967 IVc/29b (DAS 1260683). Verfahren zur Herstellung von Fäden und Fasern aus Polyamiden. Erf.: *Ferdinand Bodesheim, Günter Nawrath, Harry Kubitzek* u. *Günther Nischk.* Anm.: Farbenfabriken Bayer AG, 5090 Leverkusen. A. 8. 12. 64, B. 25. 7. 68. Kl.: 29b, 3/60. A.-Z.: P 12 73 742.7–43 (F 44640). Vgl. auch DAS 1260683. Entspr. FrP 1423518 u. GBP 1090893.

GBP 1132406. Polypivalolactonfäden. Inh.: Shell Internationale Research Maatschappij N. V. A. 21. 8. 67, B. 30. 10. 68. Kl.: B 5. B, Int. Kl.: D 01f 7/04, 7/06. A.-Z.: 38434/67.

USP 3405211. Verfahren zur Herstellung von Seide mit verbesserter Qualität aus gelhaltigem Polyamid. Erf.: *Leopoldo V. Cancio.* Inh.: E. I. du Pont de Nemours and Co., Wilmington, Del. A. 16. 3. 64, B. 8. 10. 68. Kl.: 264–210. 3 Anspr. A.-Z.: 352298. Entspr. SzP 456031, FrP 1428439 u. GBP 1039056.

SzP 463693. Zusammengesetzte dreidimensional und dauerhaft kräuselbare Fasern und Verfahren zu ihrer Herstellung. Erf.: *Corrado Mazzolini, Francesco Denti* u. *Romano Curti.* Inh.: „Chatillon", Soc. An. Italiana per le Fibre Tessili Artificiali S. p. A., Via Conservatorio 13, Mailand (It). A. 11. 12. 64, Kl.: 29b, 3/65. A.-Z.: 16038/64. Prior.: 12. 12. 63 (It.; A.-Z.: 25490/63). Entspr. DDP 53379, FrP 1416839, GBP 1040879 u. USP 3388031.

FrP 1534257. Verfahren zur Herstellung elastischer Fäden aus Polyurethanpolymeren mit vernetzter Struktur. Inh.: F. Urgesi. A. 11. 8. 67, B. 9. 8. 68. Int. Kl.: C 08g 22/00. u. D 01f. A.-Z.: 117766. Prior.: 20. 8. 66 (It; A.-Z.: 775406).

USP 3403504. Elastische Textilien, hergestellt durch Zurückdrehen von stark gequollenen Cellulosefäden. Erf.: *Carl Hamalainen, Hubert H. St. Mard* u. *Albert S. Cooper jr.* Inh.: United States of America, Secretary of Agriculture. A. 13. 7. 66, B. 1. 10. 68. Kl.: 57–164. 5 Anspr. A.-Z.: 564735.

*Klasse 32a, 37/00. Herstellung von Fasern oder Fäden aus flüssigem Glas, flüssigen Mineralien oder flüssiger Schlacke*

ČSP 129334. Verfahren und Vorrichtung zum Aufwickeln von unendlichen Glasfasersträngen. Erf.: *Miloslav Dvořák* u. *František Pešina.* A. 2. 9. 66, B. 15. 3. 68. Kl.: 32a, 37/02. Int. Kl.: C 03b. A.-Z.: 5705–66.

*Klasse 39b. Verarbeiten von plastischen Massen, Kautschuk und hornartigen Stoffen, soweit nicht anderweitig vorgesehen (chemischer Teil), auch von Bremsund Schleifmassen sowie thermischen und akustischen Isoliermassen (teilweise)*

GBP 1133254. Kautschukmischung. Inh.: Polymer Corp. Ltd. A. 23. 5. 66, B. 13. 11. 68. Kl.: C 3.P. Int. Kl.: C 08d 9/02. A.-Z.: 22888/66. Prior.: 21. 6. 65 (Ca; A.-Z.: 933822).

DAS 1273812. Optische Aufheller für makromolekulare organische Stoffe. Erf.: *Horst Pommer, Hans Peter Siebel, Roland Schwen* u. *Walter Stilz.* Anm.: Badische Anilin- & Soda-Fabrik AG, 6700 Ludwigshafen. A 21. 7. 59. B. 25. 7. 68. Kl.: 39b, 22/01 (29b, 3/60) A.-Z.: P 1273812. 4–43 (B 54102). Entspr. SzP 411329 u. GBP 948267.

FrP 1533004. Verfahren zur antistatischen Ausrüstung synthetischer Harze und Anwendung der antistatischen Komposition. Inh.: Kao Soap Co. Ltd. A. 31. 7. 67, B. 30. 7. 68. Int. Kl.: C 08f u. C 08k. A.-Z.: 116268

USP 3403203. Verfahren zur Herstellung eines faservliesähnlichen Gegenstandes. Erf.: *Henry G. Schirmer.* Inh.: W. R. Grace & Co., Duncan, S. C. A. 13. 3. 64, B. 24. 9. 68. Kl.: 264–51. 6 Anspr. A.-Z.: 351751. Entspr. GBP 1028450.

USP 3403967 Zus. z. Pat. m. A.-Z.: 121300. A. 3. 7. 61. 2,4'-Dihydroxy-3',5'-ditertiäres-butylbenzophenon und damit stabilisierte Kompositionen. Erf.: *Lester N. Stanley.* Inh.: GAF Corp. A. 18. 11. 66, B. 1. 10. 68. Kl.: 8–76. 10 Anspr. A.-Z.: 595543. A.-Z.: 121300 entspr. GBP 1013534.

DAS 1273195 Zus. z. Pat. 1188808. Verfahren zur Polymerisation von Lactamen mit sieben und mehr Ringgliedern unter Formgebung. Erf.: *Günter Becht, Hermann Fischer* u. *Hans Wilhelm.* Anm.: Badische Anilin- & Soda-Fabrik AG, 6700 Ludwigshafen. A. 26. 7. 62, B. 18. 7. 68. Kl.: 39b, 22/04. A.-Z.: P 1273195. 2–44 (B 68194). Entspr. FrP 84566.

DAS 1273188. Thermoplastische Massen zur Herstellung von gegen Hitze, Licht und Alterung stabilisierten Formkörpern aus kristallinen Polyolefinen. Erf.: *Vittorio Cappuccio, Alberto Bonvicini* u. *Cornelio Caldo.* Anm.: Montecatini Soc. Gen. per l'Industria Mineraria e Chimica, Mailand (It). A. 11. 2. 63, B. 18. 7. 68. Kl.: 39b, 22/06. A.-Z.: P 1273188. 3–43 (M 55745). Prior.: 13. 2. 62 (It; A.-Z.: 2825). Entspr. FrP 1360199, GBP 1002884 u. USP 3271339.

SzP 464523. Verfahren zur Herstellung von synthetischen Polyvinylesterlatexen. Erf.: *Massimo Scatena* u. *Mauro Grazia.* Inh.: Società Edison, Via Marco U. Traiano 7, Mailand (It). A. 27. 2. 63. Kl.: 39b, 22/06. A.-Z.: 2475/63. Prior.: 27. 2. 62 u. 23. 11. 62 (It; A.-Z.: 3961/62 u. 23046/62).

FrP 1533020. Stabilisierungsverfahren für chlorierte Polymere. Inh.: Farbenfabriken Bayer AG. A. 31. 7. 67, B. 30. 7. 68. Int. Kl.: C 08f. A.-Z.: 116301.

USP 3404123. Polymere mit verbesserter Oxydationsbeständigkeit. Erf.: *Leo J. McCabe, Harry J. Andress jr.* u. *Francis M. Seger.* Inh.: Mobil Oil Corp. A. 19. 5. 65, B. 1. 10. 68. Kl.: 260–45,8. 17 Anspr. A.-Z.: 457175.

SvP 214475. Verfahren zum Härten von Polyestermassen aus ungesättigten Polyestern und damit anpolymerisierbare Monomere, ungesättigte Verbindungen in Gegenwart von Dicyclohexylperoxiden. Erf.: *P. R. A. Maltha* u. *L. W. J. Damen.* Inh.: Kononklijke Industrieele Mij. vocheen Noury & van der Lande N. V., Deventer (Nd). A. 17. 6. 58, B. 1. 8. 67. Kl.: 39b, 22/10. Prior.: 12. 7. 57 (Nd; A.-Z.: 218920).

*Klasse 39c. Herstellung von Kunstharzen*

FrP 1542250. Verfahren zur Herstellung einer wäßrigen Emulsion eines zur Imprägnierung faserförmiger Materialien geeigneten Harzes auf Phenol/Formaldehyd-Basis. Inh.: Philips', N. V. Gloeilampenfabrieken. A. 3. 11. 67, B. 11. 10. 68. Int. Kl.: C 08g 5/00. A.-Z.: 126866. Prior.: 5. 11. 66 (Nd; A.-Z.: 6615658).

USP 3404131. Elastische Faserstoffe und Filme. Erf.: *Bernard Taub.* Inh.: Allied Chemical Corp., New York, N. Y. A. 10. 11. 64, B. 1. 10. 68. Kl.: 260–77,5. 9 Anspr. A.-Z.: 410267. Entspr. 1453150 u. GBP 1076870.

FrP 1540930 (Aj.). Neue thermisch beständige Polymere: Poly(esterimid)-derivate von Hydrochinon-bis(aminoacrylestern). Erf.: *B. Sillion* u. *G. Gaudemaris.* Inh.: Institut Français du Petrole des Carburants et Lubrifiants. A. 9. 11. 66, B. 4. 10. 68. Int. Kl.: C 08g 20/00. A.-Z.: 83170.

JaP 18789/68. Polymerisationskatalysator. Inh.: Osaka Insatsuink Seizo K. K. A. 8. 3. 65, B. 15. 8. 68. A.-Z.: 13361/65.

JaP 19032/68. Polymerisation wasserfreier Lactame. Inh.: Toyo Rayon Co. Ltd. A. 9. 3. 64, B. 19. 8. 68. A.-Z.: 12826/64.

JaP 19033/68. Denaturiertes Polyamid. Inh.: Toyo Rayon Co. Ltd. A. 28. 8. 64, B. 19. 8. 68. A.-Z.: 48422/64.

USP 3402152 Zus. z. Pat. m. A.-Z.: 367749. A. 15. 5. 64. Verfahren zur Herstellung eines Polyamids. Erf.: *Edmond P. Brignac* u. *Robert T. Wright.* Inh.: Monsanto Co., St. Louis, Mo. A. 31. 5. 67, B. 17. 9. 68. Kl.: 260–78. 8 Anspr. A.-Z.: 642584. Entspr. FrP 1449694 u. GBP 1083093.

SzP 464536. Verfahren zur Herstellung von Polyaryläthersulfonen. Erf.: *Herward Vogel A.* Inh.: Minnesota Mining and Manufacturing Co., 2501 Hudson Road. St. Paul, Minn. (US). A. 3. 11. 65. Kl.: 39c, 30. A.-Z.: 15140/65. Prior.: 4. 11. 64 (US; A.-Z.: 408768). Entspr. FrP 1453031.

SzP 464537. Verfahren zur Herstellung von gegebenenfalls substituierten Polyphenyläthern. Erf.: *Emil Gartenmann*. Inh.: Schweizerische Aluminium AG, Chippis, Korrespondenzadresse: Neuhausen am Rheinfall. A. 15. 12. 65, Kl.: 39c, 30. A.-Z.: 17311/65.

USP 3405115. Einspritzen eines flüssigen Katalysators. Erf.: *Hans M. Schappert* u. *Archie Hill*. Inh.: Koppers Co., Inc. A. 26. 2. 64, B. 8. 10. 68. Kl.: 260–94,9. 7 Anspr. A.-Z.: 347585.

USP 3405107. Verwendung von Amin-N-oxid als Regler der relativen Molekülmasse bei der Äthylen/Propylen-Copolymerisation mit löslichem Katalysator aus Vanadiumoxytrichlorid und Alkylaluminiumsesquichlorid. Erf.: *Demetreos N. Matthews* u. *Robert J. Kelly*. Inh.: Uniroyal, Inc. A. 8. 4. 64, B. 8. 10. 68. Kl.: 260–88,2. 10 Anspr. A.-Z.: 358371. Entspr. FrP 1429728 u. GBP 1052149.

USP 3405103. Verfahren zur Herstellung von Polyvinylphthalat, wobei die Verbesserung im Einsatz von aktiviertem Polyvinylalkohol besteht. Erf.: *Carlton L. Crane* u. *Donald F. Ingerick*. Inh.: Eastman Kodak Co., Rochester, N. Y. A. 7. 11. 66, B. 8. 10. 68. Kl.: 260–78,4. 7 Anspr. A.-Z.: 592315.

USP 3403137. Verfahren zur Herstellung von Äthylen/Vinylchlorid-Copolymeren. Erf.: *Harry M. Andersen, James D. Gabbert* u. *Oliver de S. Deex*. Inh.: Monsanto Co. A. 8. 11. 63, B. 24. 9. 68. Kl.: 260–87,5. 18 Anspr. A.-Z.: 322492. Entspr. FrP 1416020.

SvP 215843. Verfahren zur Herstellung einer Polymerverbindung mit freien Alkoholgruppen in Form von Halbestern eines Glykols sowie nach dem Verfahren hergestellte Polymerverbindung. Erf.: *V. M. Mazee*. Inh.: Shell Internationale Research Mij. N. V., Haag, (Nd). A. 28. 1. 65, B. 3. 10. 67. Kl.: 39c, 25/01. Prior.: 30. 1. 64 (Nd; A.-Z.: 6400774). Entspr. DAS 1246249.

JaP 18783/68. Propylen. Inh.: Agency Industrial Science & Technology. A. 19. 3. 65, B. 15. 8. 68. A.-Z.: 15637/65.

GBP 1131786. Katalytische Polymerisation und Copolymerisation von Olefinen und Katalysator dafür. Inh.: Solvay & Cie. A. 21. 2. 67, B. 20. 10. 68. Kl.: C3.R. Int. Kl.: C 08g 9/32. A.-Z.: 8212/67. Prior.: 24. 2. 66 (Fr; A.-Z.: 50946). Entspr. SzP 463793.

FrP 1542101. Herstellung von Isobuten-Polymerisationsprodukten sowie von Gemischen von Isobuten und anderen Olefinen und Diolefinen. Inh.: The Lubrizol Corp. A. 30. 10. 67, B. 11. 10. 68. Int. Kl.: C 08f. A.-Z.: 126395.

FrP 1541925. Hydroxylierte Copolymere. Inh.: Desoto, Inc. A. 26. 10. 67, B. 11. 10. 68. Int. Kl.: C 08f. A.-Z.: 125914.

FrP 1534521. Verfahren zur Herstellung von Vinylpolymeren, besonders Acrylnitrilpolymeren, die sich zur Faserherstellung eignen. Erf.: *L. Patron* u. *S. lo Monaco*. Inh.: Acsa-Applicazioni Chimiche S. p. A. A. 22. 8. 67, B. 9. 8. 68. Int. Kl.: C 08f. A.-Z.: 118559. Prior.: 24. 8. 66 (It; A.-Z.: 19342/66).

FrP 1534131. Katalysatoren auf der Basis von Phosphorsäurederivaten auf Trägermaterial, die zur Umsetzung gasförmiger Olefine verwendbar sind. Inh.: Societa Italiana Resine S. p. A. A. 12. 7. 67, B. 9. 8. 68. Int. Kl.: B 01j, C 07c u. C 08f. A.-Z.: 114101. Prior.: 12. 7. 66 (It; A.-Z.: 773210/66).

SzP 463790. Verfahren zur Polymerisation oder Copolymerisation von Vinyl- und/oder Vinylidenmonomeren und Katalysatorgemisch zur Durchführung des Verfahrens. Erf.: *Giancarlo Borsini, Carlo Nicora* u. *Angelo Segalini*. Inh.: Società Edison, Foro Bonaparte 31, Mailand (It). A. 30. 7. 64, Kl.: 39c, 25/01. A.-Z.: 9995/64. Prior.: 31. 7. 63 (It; A.-Z.: 15964/63). Entspr. FrP 1403414 u. GBP 1018315.

DAS 1273818. Verfahren zur Herstellung von Olefinpolymerisaten. Erf.: Ermbrecht *Rindtorff, Karl Schmitt* u. *Günther Keller*. Anm.: Hibernia AG, 4690 Herne. A. 24. 2. 59, B. 25. 7. 68. Kl.: 39c, 25/01. A.-Z.: P 1273818. 0–44 (B 52224). Entspr. USP 3208954.

DAS 1273817. Verfahren zur Herstellung von Homo- und Mischpolymerisaten von Mono- und Diolefinen. Erf.: *Walter Herwig, Albert Gumboldt* u. *Klaus Weissermel*. Anm.: Farbwerke Hoechst AG, vorm. Meister Lucius & Brüning, 6000 Frankfurt. A. 3. 4. 65, B. 25. 7. 68. Kl.: 39c, 25/01. A.-Z.: P 1273817. 9–44 (F 45722). Entspr. FrP 1470794 u. GBP 1078794.

FrP 1541578. Kontinuierliches Verfahren zur Herstellung von amorphen Äthylencopolymeren. Erf.: *H. R. Mirza* u. *S. Zaim*. Inh.: Polymer Corp. Ltd. A. 23. 10. 67, B. 4. 10. 68. Int. Kl.: C 08f. A.-Z.: 125431. Prior.: 24. 10. 66 (Ca; A.-Z.: 973877).

GBP 1132393. Polyoxymethylencopolymere. Inh.: Montecatini Soc. Gen. per l'Industria Mineraria e Chimica. A. 1. 4. 66, B. 30. 10. 68. Kl.: C 3.P. Int. Kl.: C 08g 13/00. A.-Z.: 14699/66. Prior.: 7. 4. 65 (It; A.-Z.: 7661). Entspr. FrP 1473773.

GBP 1132275. Polyoxymethylencopolymere. Inh.: Montecatini Soc. Gen. per l'Industrie Mineraria e Chimica. A. 24. 3. 66, B. 30. 10. 68. Kl.: C 3.P. Int. Kl.: C 08g 13/00. A.-Z.: 13067/66. Prior.: 7. 4. 65 (It; A.-Z.: 7663). Entspr. FrP 1474512.

JaP 19317/68. Polymerisation eines aliphatischen Aldehyds. Inh.: Synthetic Chemical Ind. Co. Ltd. A. 17. 5. 63, B. 21. 8. 68. A.-Z.: 32014/67.

USP 3405098 Zus. z. Pat. m. A.-Z.: 417004. A. 9. 12. 64. Verfahren zur Herstellung linearer Kondensationspolyester mit hoher Viskosität aus teilweise polymerisierten Glykolterephthalaten. Erf.: *Harold H. Heighton* u. *Elmer E. Most, jr.* Inh.: E. I. du Pont de Nemours and Co., Wilmington, Del. A. 29. 10. 65, B. 8. 10. 68. Kl.: 260–75. 6 Anspr. A.-Z.: 513616.

USP 3404121. Anwendung eines Katalysator-Stabilisators für Polyester. Erf.: *Kenneth T. Barkey*. Inh.: Eastman Kodak Co., Rochester, N. Y. A. 27. 7. 66, B. 1. 10. 68. Kl.: 260–45,7. 8 Anspr. A.-Z.: 568109. Entspr. FrP 1532135 u. FrP 1541000.

SvP 214479. Verfahren zur Herstellung von in Styrol zu niedriger Viskosität löslichen, ungesättigten Polyestern. Erf.: *V. Lehes, W. Bronnvall* u. *A. Saarnak*. Inh.: Svenska Oljeslageri AB, Mölndal. A. 28. 11. 58, B. 1. 8. 67. Kl.: 39c, 16.

SvP 213457. Verfahren und Reaktionsbehälter zur Herstellung von hochmolekularen Polymeren durch Kondensationsreaktionen sowie nach dem Verfahren hergestellte Polymere. Erf.: *W. J. Carney*. Inh.: The Goodyear Tire & Rubber Co., Akron, Ohio (US). A. 29. 6. 61, B. 6. 6. 67. Kl.: 39c, 16.

JaP 18791/68. Polyester. Inh.: Nippon Rayon Co. Ltd. A. 5. 4. 65, B. 15. 8. 68. A.-Z.: 19934/65.

*Klasse 42k, 50. Textilprüfung. Verfahren, Vorrichtungen und Maschinen zum Prüfen von Fasern, Fäden, Garnen, Geweben auf ihre mechanischen und Festigkeitseigenschaften, auf Spannungen, mechanische Unregelmäßigkeiten, Drall (Drehung), Porosität*

USP 3403553 Tensiometer. Erf. u. Inh.: *Hans Wiener*, Neuenhaus 106, Hilgen/Rheinl. (DB). A. 25. 2. 65, B. 1. 10. 68. Kl.: 73–144. 20 Anspr. A.-Z.: 435293. Prior.: 25. 2. 64 (DB; A.-Z.: H 51831).

*Klasse 55b. Verfahren zur Herstellung von Zellstoff, Zellstoffkocher, Wiedergewinnung der Ablauge und Abgase*

SvP 215636. Verfahren und Anlage zur Ausführung einer kontinuierlichen Zweistufen-Chemikalienbehandlung von Cellulosematerial. Erf.: *O. A. Laakso*. Inh.: Aktiebolaget Kamyr, Karlstad. A. 13. 12. 63, B. 26. 9. 67. Kl.: 55b, 2/10.

SvP 215898. Verfahren zur Herstellung von Kochsäure für die Cellulosekochung, wobei Chemikalien aus den Rauchgasen von einem Laugenverbrennungsofen ausgenutzt werden. Erf.: *D. Jafs* u. *L. Glöersen*. Inh.: A. Ahlström O/Y, Varkaus (Fi). A. 18. 4. 63, B. 3. 10. 67. Kl.: 55b, 3/01.

JaP 19081/68. Behandlung von Zellstoffablauge. Inh.: Kisha Seizo Kaisha Ltd. A. 24. 5. 65, B. 19. 8. 68. Kl.: 39A. A.-Z.: 30526/65.

# Literaturschau

*Auszug aus Lieferung 5 und 6/1969 der Referatekartei „Faserstoffe und Textiltechnik", zusammengestellt von der Abteilung Wissenschaftliches Berichtswesen des Instituts für Faserstoff-Forschung der DAW, 153 Teltow-Seehof, Kantstr. 55*

## I. Wissenschaftliche Grundlagen

### Allgemeines

(Untersuchungsmethoden u. a.)

*Rumpf, H.:* Gedanken zur Wissenschaftstheorie der Technik-Wissenschaften. VDI-Z. **111** (1969) 1, S. 2–10.

*Kamide, K.:* Abschätzung des zweiten Virialkoeffizienten und der Aktivität in verdünnter Lösung mit Hilfe der Dampfdruck-Osmometrie. Kobunshi Kagaku, Tokyo (Chem. High Polymers) **25** (1968) 282, S. 648–656 (engl.).

*Kirschke, K.:* Arbeiten zur Normung eines Kapillarviskosimeters für hohe Schergefälle. Rheologica Acta. Darmstadt **7** (1968) 4, S. 354–360.

*Kaufmann, S.:* Treffertheoretische Analyse der Ergebnisse von Bestrahlungsversuchen mit ultravioletter und sichtbarer Strahlung. Faserforsch. u. Textiltechnik **20** (1969) 2, S. 101–102.

*Paul, D., Gröbe, A., Maron, R.:* Zur Methodik der Autoradiographie im Elektronenmikroskop. Isotopenpraxis **4** (1968) 12, S. 445–455.

### Physik und Chemie der Hochpolymeren

*Bažant, U.:* Forschungsprogramm über Nicht-Newtonsche Flüssigkeiten. Rheologica Acta, Darmstadt **7** (1968) 4, S. 395–397 (engl.).

*Barna, J.:* Zur Darstellung der Strukturviskosität durch eine fünf-konstantige Formel. Rheologica Acta, Darmstadt **7** (1968) 4, S. 316–323.

*Frank, H. P.:* Rheologische Messungen an Polypropylenschmelzen. III. Einfluß von Molekulargewicht und Molekulargewichtsverteilung auf die Fließkurven von Polypropylen. Rheologica Acta, Darmstadt **7** (1968) 4, S. 344–348.

*Bär, H. J., Dautzenberg, H., Philipp, B.:* Beitrag zum Einfluß von Polymeren auf die Diffusionsstromstärke organischer Depolarisatoren. Z. physik. Chemie, Leipzig **239** (1968) 1/2, S. 84–103.

*Barrer, R. M., Barrie, J. A., Wong, P. S.-L.:* Die Diffusion und das Lösen von Gasen in hochvernetzten Copolymeren. Polymer, London **9** (1968) 12, S. 609–627.

*Poller, S.:* Zur Methodik der Polymerisationsgradbestimmung an Cellulosenitraten. Teil III. Geschwindigkeitsgefälle, Konzentration, Substitutionsgrad, Polymerisationsgradberechnung, Fehlerkritik. Faserforsch. u. Textiltechnik **20** (1969) 2, S. 71–76.

*Poller, S.:* Über die Veränderung der Polymerisationsgradverteilung von Fichtenholzcellulose bei zunehmendem Abbaugrad. Faserforsch. u. Textiltechnik **20** (1969) 3, S. 137–140.

*Nadziakiewicz, H.:* Untersuchung der optischen Rotationsdispersion einiger Polysaccharide. Teil II. Rotationsdispersion von Dextranlösungen. Polimery, Warszawa **13** (1968) 12, S. 553–554.

*Ruddle, L. H., Wilson, J. R.:* Ein UV-spektrophotometrisches Verfahren zur Charakterisierung einiger phenolischer Stabilisatoren in Extrakten von Polymerkompositionen. Analyst. **94** (1969) 1115, S. 105–109.

*Oda, T., Motegi, M., Moritani, M., Kawai, H.:* Über die Veränderung der Abmessungen von Sphärolithen bei einachsiger Verstreckung fester Proben. Beobachtungen an Polyäthylen mittels Lichtstreuungsverfahren. Kobunshi Kagaku, Tokyo (Chem. High Polymers) **25** (1968) 282, S. 639 bis 647 (jap. engl. Zusammenfass.).

*Coalson, R. L., Day, A., Marchessault, R. H.:* Bestimmung der Struktur von Cellulose-Gelen durch Lichtstreuung und Dünnschnitt-Elektronenmikroskopie. Holzforsch. **22** (1968) 6, S. 190–198 (engl.).

*Kuhn, R., Cantow, H.-J., Burchard, W.:* Zur Unverträglichkeit von Polymergemischen. 1. Lichtstreuungsmessungen am System Polystyrol/Polymethylmethacrylat/Benzol. Angew. makromol. Chemie **2** (1968) S. 146 bis 156.

*Chaczaturow, A.:* Moderne Anwendungsrichtungen der KMR-Spektroskopie in Polymeren. II. Hochauflösungs-KMR-Spektroskopie. Polimery, Warszawa **13** (1968) 10, S. 433–439.

*Norberg, P. H.:* Eine Methode für elektronenmikroskopische Bestimmungen von nassen Holzfaseroberflächen. Svensk Papperstidn. **71** (1968) 23, S. 869 – 871 (engl.).

*Gröbe, A., Gensrich, H. J.:* Elektronenmikroskopische Untersuchungen an Ultradünnschnitten von Celluloseregeneratfäden. Teil I. Präparationsmethoden. Faserforsch. u. Textiltechnik **20** (1969) 3, S. 118 – 124.

*Macchi, E., Marx-Figini, M., Fischer, E. W.:* Elektronenbeugungsuntersuchungen an nativer und umgefällter Cellulose. Makromol. Chemie **120** (1968) S. 235 – 237.

*Włochowicz, A.:* Röntgenographische Prüfungen natürlicher Cellulosefasern. Przegl. włókienn. (Textil-Rdsch.) **22** (1968) 9, S. 471 – 473.

*Valček, F., Polčin, J.:* Methoden zur röntgenographischen Verfolgung der Kristallinität der Cellulose und Vergleich einiger Proben. Chem. Vlákna, Svit (Chem. Fasern) **18** (1968) 6, S. 177 – 181.

*Diačik, I., Jambrich, M., Fusek, K.:* Röntgenographisches Studium der molekularen und übermolekularen Struktur im Prozeß der Herstellung von Polypropylenfasern. Chem. Vlákna, Svit (Chem. Fasern) **18** (1968) 6, S. 132 – 146.

*Bodor, G., Nagy, A.:* Die Veränderung des Röntgenbildes von Polypropylen in Abhängigkeit von der Isotaktizität. Chem. Vlákna, Svit (Chem. Fasern) **18** (1968) 6, S. 146 – 149.

*Osokin, G. A., Olejnik, V. G., Gojchman, A. Š., Konkin, A. A.:* Untersuchung der Struktur von als Jodkomplex aus der Lösung ausgefällten Polycaprolactam. Vysokomol. Soed. (Hochmol. Verbind.) **108** (1968) 11, S. 821 – 824.

*Zwanzig, R., Lauritzen, J. I., jr.:* Exakte Berechnung der Verteilungsfunktion für ein Modell der zweidimensionalen Kristallisation von Polymeren durch Kettenfaltung. J. chem. Physics **48** (1968) 8, S. 3351 – 3360.

*Bondarenko, E. M., Rodè, V. V., Koršak, V. V.:* Strukturumwandlungen einiger Polyheteroarylene während der thermischen Alterung. Izv. Akad. Nauk SSSR, Serija chim. (Nachr. Akad. Wiss. UdSSR, Chemie) (1969) 1, S. 66 – 74.

*Lodge, A. S.:* Grundgleichungen der molekularen Netzwerktheorien für Polymerlösungen. Rheologica Acta, Darmstadt **7** (1968) 4, S. 379 – 392 (engl.).

*Gačkovskij, V. F.:* Über die Veränderung der Konformation von Polyacrylnitrilketten unter Einfluß von Dimethylformamid. Ž. fizič. Chimii (Z. physik. Chemie) **42** (1968) 12, S. 3011 – 3016.

*Reinisch, G., Jakob, W., Jaeger, W.:* Quantitative Teilchenanalyse in Polycaprolactamlösungen. Faserforsch. u. Textiltechnik **20** (1969) 3, S. 152 bis 154.

*Tokuzumi, T.:* Über die Struktur von bei der Polymerisation von Äthylen in Gegenwart von Ziegler-Katalysatoren unter gleichzeitiger Butylen-Entwicklung entstehenden Polymeren. Kobunshi Kagaku, Tokyo (Chem. High Polymers) **25** (1968) 283, S. 721 – 725 (jap.; engl. Zusammenfass.).

*Opschoor, A.:* Abmessungen von Poly-2,6-diphenyl-1,4-phenylenoxid in konzentrierten Lösungen. Polymer, London **9** (1968) 11, S. 599 – 600.

*Michajlov, G. P., Burštejn, L. L., Kol'cov, A. I., Malinovskaja, V. P., Platonov, M. P., Šibaev, L. A.:* Untersuchung der Struktur von Methylmethacrylat/Styrol-Blockcopolymeren mit Hilfe der Methode der dielektrischen Polarisation und der magnetischen Kernresonanz. Vysokomol. Soed. (Hochmol. Verbind.) **10** B (1968) 11, S. 828 – 831.

*Robson, D., Assabghy, F. Y. I., Ingram, D. J. E., Rose, P. G.:* Bestimmung der Struktur von Kohlenstoff-Fäden durch Elektronenspinresonanz. Nature, London **221** (1969) 5175, S. 51 – 52.

*Inagaki, H., Matsuda, H., Kamiyama, F.:* Bestimmung der Strukturheterogenität in Copolymeren mit Hilfe der Dünnschicht-Chromatographie. I. Vorläufige Ergebnisse für Styrol/Acrylat-Copolymere. Macromolecules, Washington **1** (1968) 6, S. 520 – 525.

*Vachtina, I. A., Tarakanov, O. G., Okunev, P. A.:* Trennung von Tetrahydrofuran/Propylenoxid-Copolymeren nach ihrer Zusammensetzung durch Kristallisation aus Lösung. Ž. prikl. Chimii (Z. angew. Chemie) **41** (1968) 12, S. 2787 – 2789.

*Giancotti, V., Giordano, F., Ripamonti, A.:* Die Struktur von Beryllium-di-n-butylphosphinatpolymeren. Makromol. Chemie **120** (1968) S. 96 bis 102 (engl.).

*Mc C. Torrens, I.:* Numerische Untersuchung einer Behandlung des Problems des freien Volumens nach dem Variationsprinzip. J. chem. Physics **48** (1968) 4, S. 1488 – 1491.

*Steiner, N., Kowalewsky, H.:* Zusammenwirken energiereicher Strahlen und mechanischer Beanspruchung bei Hochpolymeren. Umschau Wiss. Technik **69** (1969) 2, S. 54 – 55.

*Casperson, G., Philipp, B., Jacopian, V., Hoyme, E.:* Zum Quellungsverhalten von Normalholz- und Zugholzfasern der Pappel. Faserforsch. u. Textiltechnik **20** (1969) 2, S. 61 – 70.

*Natov, M., Djagarova, E.:* Über den Einfluß geringer Mengen pulverförmiger Stoffe auf das Fließvermögen von Polymerschmelzen. Angew. makromol. Chemie **2** (1968) S. 180 – 189.

*Nikolaev, V. G.:* Gerät zur Bestimmung der Relaxationsgeschwindigkeit bei der hochelastischen Verformung von Plasten. Zavodsk. Labor., Moskva (Betriebslabor) **34** (1968) 12, S. 1526 – 1528.

*Philipp, B., Dautzenberg, H., Schmiga, W.:* Zur Kinetik der Xanthogenatbildung und -zersetzung bei einigen niedermolekularen Alkoholen und einfachen Zuckern. Teil I. Versuchsmethodik sowie Ergebnisse zur Xanthogenierung. Faserforsch. u. Textiltechnik **20** (1969) 3, S. 111 – 117.

*Mjagčenkov, V. A., Frenkel', S. Ja.:* Chemische Uneinheitlichkeit von Copolymeren. Usp. Chimii (Fortschr. d. Chemie) **37** (1968) 12, S. 2247 – 2271.

*Pass, H., Michels, Ch.:* Beitrag zur Bestimmung des Gammawertes im spinnenden Faserkabel. Faserforsch. u. Textiltechnik **20** (1969) 2, S. 77 bis 80.

*Burgert, B. E.:* Direkte Substitution von Polyolefinen. Angew. makromol. Chemie **4/5** (1968) S. 81 – 90.

*Heitz, W., Ullner, H.:* Gelchromatographie. 6. Mitt. Trennungen im präparativen Maßstab mit hoher Auflösung. Makromol. Chemie **120** (1968) S. 58 – 67.

*Meyerhoff, G.:* Gelchromatographie, die Möglichkeiten verschiedener Trennmaterialien. Angew. makromol. Chemie **4/5** (1968) S. 268 – 278.

*Makschin, W., Ulbricht, J.:* Untersuchungen zur thermischen Verfärbung des Polyacrylnitrils, Messung der Verfärbung und Vorrichtung zur Prüfung der thermischen Beständigkeit von Polyacrylnitrilpulvern. Faserforsch. u. Textiltechnik **20** (1969) 2, S. 98 – 101.

*Adamec, A.:* Dielektrischer Relaxationsprozeß unterhalb der Einfriertemperatur bei ataktischem Polystyrol. J. Polymer Sci., B: Polymer Letters **6** (1968) 10, S. 687 – 689.

*Kovylov, A. E., Lavrov, I. S.:* Elektrophoretische Ausfällung wäßriger Polyacrylnitril-Suspensionen. Ž. prikl. Chimii (Z. angew. Chemie) **41** (1968) 12, S. 2807 – 2809.

*Heidingsfeld, V., Kuška, V., Zelinger, J.:* Eigenschaften von chloriertem Polyvinylchlorid. Angew. makromol. Chemie **3** (1968) S. 141 – 148 (engl.).

*Šostakovskij, M. F., Poljakov, A. I., Smagin, V. V., Mirskov, R. G.:* Gewinnung von zinnhaltigen Cellulosederivaten. Ž. prikl. Chimii (Z. angew. Chemie) **41** (1968) 12, S. 2796 – 2798.

*Shinkawa, H., Morikawa, T.:* Umsetzung von Polyvinylchlorid mit Zinndibutyldihydrid. Kobunshi Kagaku, Tokyo (Chem. High Polymers) **25** (1968) 282, S. 666 – 672 (jap.; engl. Zusammenfass.).

**Physik und Chemie der Monomeren und Oligomeren**

*Bočvar, D. A., Starkevič, I. V., Koršak, V. V., Rusanov, A. L.:* Berechnung einiger aromatischer bis-o-Phenylendiamine nach der MO LCAO-Methode. Dokl. Akad. Nauk SSSR (Ber. Akad. Wiss. UdSSR) **184** (1969) 1, S. 95 bis 97.

*Bestian, H., Biener, H., Clauss, K., Heyn, H.:* Umsetzung von N-Carbonylsulfamidsäurechlorid mit Olefinen. α,β-Disubstituierte β-Lactame. Liebigs Ann. Chemie **718** (1968) S. 94 – 100.

*Čerkasskaja, E. L., Tur, A. M., Petrenkova Z. F., Ljubomilov, V. I.:* Flüssig/Dampf-Phasengleichgewicht im System Dioxolan/Wasser. Ž. prikl. Chimii (Z. angew. Chemie) **41** (1968) 11, S. 2553 – 2554.

*Gupta, S. K., Sharma, Y. N., Thampy, R. T.:* Untersuchungen über neue chemisch beständige Polyester auf der Grundlage von Bisphenol-A-Derivaten. Makromol. Chemie **120** (1968) S. 137 – 147 (engl.).

**Polymerisation**

*Davydova, S. L., Platé, N. A., Kargin, V. A.:* Makromolekulare Komplexverbindungen als Katalysatoren chemischer Reaktionen. Usp. Chimii (Fortschr. d. Chemie) **37** (1968) 12, S. 2223 – 2246.

*Škol'nik, S. I., Smirnov, N. I., Brailov, E. S.:* Vorrichtung zum Studium der Polymerisationskinetik in der Masse. Zavodsk. Labor., Moskva (Betriebslabor) **34** (1968) 12, S. 1535 – 1536.

*Nanda, V. S., Jain, R. K.:* Statistische Untersuchung der nichtstationären Polymerisation. J. chem. Physics **48** (1968) 4, S. 1858 – 1865.

*Richards, J. R.:* Asymmetrisches Wachstum bei der ternären Copolymerisation. J. chem. Physics **48** (1968) 6, S. 2827 – 2828.

*Gaylord, N. G., Takahashi, A.:* Freiradikalpolymerisation von Monomerkomplexen. I. Mechanismus der Aktivierung durch Metallhalogenide. II. Alternierende Copolymere von aktivierten Monomeren. J. Polymer Sci., B: Polymer Letters **6** (1968) 10, S. 743 – 748; 749 – 752.

*Ishimori, M., Tomoshige, T., Tsuruta, T.:* Untersuchungen über metallorganische Verbindungen als Polymerisationskatalysatoren. III. Katalytische Aktivität und Struktur von Zinkalkoxid zur Polymerisation von Propylenoxid. Makromol. Chemie **120** (1968) S. 161 – 175 (engl.).

*Tanaka, T., Tokuzumi, T., Wada, S.:* Über die Beziehung zwischen der polymerisierenden Wirkung und der Gasentwicklung im katalytisch wirksamen Ziegler-Komplex. Kobunshi Kagaku, Tokyo (Chem. High Polymers) **25** (1968) 283, S. 726 – 734 (jap.; engl. Zusammenfass.).

*Tur'jan, Ja. I., Ignat'eva, F. K.:* Polarographische Untersuchung der Kinetik der die Polymerisationsvorgänge initiierenden katalytischen Redox-Reaktionen. 1 Trilon(B)-Komplexe von Eisenionen. Ž. fizič. Chimii (Z. physik. Chemie) **42** (1968) 12, S. 3063 – 3070.

*Wiśniewski, J.:* Untersuchung über die Veränderungen des Potentials während der mit einem Redoxsystem initiierten Emulsionspolymerisation. Polimery, Warszawa **13** (1968) 11, S. 492 – 494.

*Fujii, M., Ohtsuka, Y., Kohno, Y.:* Untersuchung der Zeit/Temperatur-Kurve bei der Emulsionspolymerisation von Vinylmonomeren. I. Emulsionspolymerisation von Vinylacetat. Kobunshi Kagaku, Tokyo (Chem. High Polymers) **25** (1968) 283, S. 742 – 748 (jap.; engl. Zusammenfass.).

*Ulbricht, J., Giesemann, J., Gebauer, M.:* Zur Kinetik der Polymerisation von Vinylchlorid mit modifizierten Ziegler-Katalysatoren. Angew. makromol. Chemie **3** (1968) S. 69 – 78.

*Nakamura, K., Matsuzawa, S., Go, Y.:* Untersuchung der mechanischen Denaturierung der Lösungen von Hochpolymeren. XII. Polyvinylalkohole auf der Basis von durch kationische Polymerisation hergestellten Polyvinyltrimethylsilyläthern oder von durch Photopolymerisation hergestelltem Polyvinylacetat. Kobunshi Kagaku, Tokyo (Chem. High Polymers) **25** (1968) 282, S. 634 – 638 (jap.; engl. Zusammenfass.).

*Skwarski, T., Bucheńska, J., Łakoma, M.:* Modifizieren von Polyvinylalkohol-Faserstoff durch mit einem Redoxsystem initiierte Pfropfung von Vinylpolymeren. II. Pfropfung von Polymethylmethacrylat. Polimery, Warszawa **13** (1968) 12, S. 549 – 552.

*Tokarzewska, M., Golusińska, J.:* Über die stabilisierende Wirkung von Glycidylmethacrylat in seinen Copolymeren mit Vinylchlorid. Polimery, Warszawa **13** (1968) 11, S. 495 – 497.

*Osawa, Z., Shibamiya, T.:* Untersuchungen über die katalytische Wirkung von Metallsalzen bei der Autoxydation und Polymerisaton. Teil I. Polymerisation von Methylmethacrylat mit Kobalt(II, III)-acetylacetonat/Wasserstoffperoxid. J. Polymer Sci., B: Polymer Letters **6** (1968) 10, S. 721 – 725.

*Vasiliu, R., Andriescu, P.:* Pfropfung von Polyacrylnitril auf aus Xanthogenat regenerierter Cellulose. Cellulose Chem. Technology, Jassy/Rum. **2** (1968) 4, S. 407 – 411 (franz.).

*Bracke, W., Empen, J. A., Marvel, C. S.:* Polyacrylnitril mit reaktionsfähigen Endgruppen. Macromolecules, Washington **1** (1968) 6, S. 465 bis 469.

*Stein, D. J., Mosthaf, H.:* Zur Oligomerenbildung bei der thermischen Polymerisation von Styrol. Angew. makromol. Chemie **2** (1968) S. 39 – 50.

*Fejgin, J., Penczek, St., Sadowska, W., Tomaszewicz, M.:* Untersuchung des Ausfällungsvorganges der Teilchen von Trioxan/Dioxolan-Copolymeren während der kationischen Copolymerisation mit Ausfällung aus der Lösung und in Gegenwart von Polyoxyäthylen. Polimery, Warszawa **13** (1968) 10, S. 439 – 445.

*Bylsma, H. R., McKellar, R. L., Musolf, M. C.:* Verbesserung der Eigenschaften von Urethanelastomeren durch Entfernung ungesättigter Endgruppen in Polyoxypropylendiolen. IEC. Ind. engng. Chem./Product Res. Development **7** (1968) 4, S. 234 – 238.

*Tanaka, Y., Haung, C. M.:* Amin-induzierte Copolyaddition von p-Chlorpehnylglycidyläther mit cis-Hexahydrophthalsäureanhydrid. Makromol. Chemie **120** (1968) S. 1 – 12 (engl.).

*Gray, D. N., Rouch, L. L., Strauss, E. L.:* Poly[2,2-(1,4-phenylen-5,5'-dibenzimidazol] auf der Basis von 3,3'4,4'-Tetraaminodiphenyl und 1,4-Diacetylbenzol. Macromolecules, Washington **1** (1968) 6, S. 473 – 478.

**Sonderfragen**

*Dautenberg, H., Philipp, B.:* Versuche zur Herstellung von Natriumdithiocarbonat. Faserforsch. u. Textiltechnik **20** (1969) 3, S. 151 – 152.

## II. Faserstoffe. Ausgangsstoffe usw.

**Naturfaserstoffe**

*Tierische Faserstoffe*

*Blankenburg, G., Deli, S., Henning, H. J., Sergent, C.*: Einfluß der Schwitzdauer auf die Eigenschaften von nach dem Schwitzverfahren gewonnener Wolle. Bull. Inst. Textile France **22** (1968) 138, S. 749–781.

**Chemiefaserstoffe**

*Cellulose und Zellstoff*

*Petropavlovskij, G. A., Stoljarova, L. I.*: Unterschied der Eigenschaften von Cellulose aus Früh- und Spätholz der sibirischen Lärche. Cellulose Chem. Technology Jassy/Rum. **2** (1968) 4, S. 423–436 (russ.).
*Jones, D. C., Simson, B. W., Timell, T. E.*: Untersuchungen an Lärchenarabogalactan. V. Abbau von Arabogalactan in einem 700 Jahre alten Stamm der westlichen Lärche. Cellulose Chem. Technology, Jassy/Rum. **2** (1968) 4, S. 391–399 (engl.).
*Diaconescu, V., Obrocea, P.*: Untersuchungen auf dem Gebiet des Sulfataufschlusses von Schilf. Celuloza şi Hirtie, Bucureşti (Cellulose u. Papier) **17** (1968) 12, S. 495–503.
*Clayton, D. W., Marraccini, L. M., Sakai, A.*: Wirkung von Nitrobenzol auf die Delignifizierung und die Retention der Kohlenhydrate während des alkalischen Aufschlusses. Svensk Papperstidn. **71** (1968) 23, S. 857 bis 863 (engl.).
*Nagrodskij, N. A.*: Wege zur Senkung der chemischen Verluste bei der Erzeugung von Viskosesulfitzellstoff. Bumaž. Prom. (Papier-Ind.) (1969) 1, S. 3–5.

*Regeneratfaserstoffe*

*Kleinert, Th. N.*: Reaktionsmechanismen bei der Luftvorreife von Alkalicellulose. Holzforsch. **22** (1968) 6, S. 180–185 (engl.).
*Albrecht, W.*: Herstellung, Eigenschaften und Einsatz von Viskosefaser und Diolen. Hemijska Vlakna, Loznica/Jugoslaw. (Chem. Fasern) **8** (1968) 4, S. 12–18.
*Adelman, M. H.*: Reyon-Produktion – ein Blick auf die Chemikalien-Automation. Mod. Textiles Mag. **49** (1968) 9, S. 71–73.

*Synthetische Faserstoffe*

*Kaufmann, S.*: Filterwirkung von Titandioxid während der Strahlungseinwirkung auf Polyesterseide. Faserforsch. u. Teztiltechnik **20** (1969) 3, S. 149–151.
Neue Polyester sind beinahe marktfertig. Hersteller von Chemiefaserstoffen werden weiterhin Terephthalsäure oder Dimethylterephthalat verwenden, werden aber Äthylenglykol durch höhere Glykole ersetzen. Chem. engng. News **46** (1968) 51, S. 42–43.
*Dierkes, G.*: Über Chemie, Herstellung, Eigenschaften und Verwendung der Nomex-Polyamidfaser. Spinner, Weber, Textilveredlung **87** (1969) 1, S. 43–44.
*Schuur, G.*: Fasern und Seide aus fibrilliertem Polypropylenfilm. Tex. Doetinchem/Nd. **27** (1968) 12, S. 638–643.
*Serkov, A. T., Kudrjavcev, G. J., Klimenjov, V. S., Serkova, L. A., Koževnikov, Ju. P.*: Untersuchung der Diffusionsvorgänge beim Erspinnen von Polyacrylnitrilfaserstoffen. Faserforsch. u. Textiltechnik **20** (1969) 3, S. 125–130.
*Foulon, A.*: Dralon bietet viele Einsatzmöglichkeiten. Spinner, Weber, Textilveredlung **87** (1969) 1, S. 45–46.

**Ausgangsstoffe. Schaumstoffe. Kautschuk**

*Hensen, F., Augustin, G.*: Neue Hochleistungs-Anlage zum Herstellen von Schlauchfolien. Kunststoffe **59** (1969) 1, S. 2–8.
*Debski, W., Scherle-Przylecka, M.*: Einfluß der Zusammensetzung von Mischungen auf die mechanischen Eigenschaften der Gußerzeugnisse aus Hart-Polyvinylchlorid. Polimery, Warszawa **13** (1968) 10, S. 467–471.

## III. Fäden-Herstellungstechnologien

**Spinnerei. Zwirnerei**

*Feikema, J. G.*: Das Verstrecken von Polyamid- und Polyestergarn. 1. Tex, Doetinchem/Nd. **27** (1968) 6, S. 319–323.

*Spinnereivorbereitung*

*Stamenković, T., Čvorović, M.*: Verfahren zur Bestimmung des Öffnungsgrades von Fasern. Hemijska Vlakna. Loznica/Jugoslaw. (Chem. Fasern) **8** (1968) 3, S. 7–10.
*Potyleva, E. V.*: Aerodynamische Arbeitsbedingungen für Schlagmaschinen. Tekstil. Prom., Moskva (Textil-Ind.) **28** (1968) 11, S. 26–27.

*Spinnerei*

*Kruszewski, T.*: Möglichkeiten der Erhöhung des Leistungskoeffizienten bei Spinnmaschinen der Streichgarnspinnerei. Przegl. włókienn. (Textil-Rdsch.) **22** (1968) 10, S. 516–520.
*Kacer, B. M., Šumilina, M. S., Sarueva, N. I., Tret'jačenko, S. Ja., Sakovic, E. A.*: Gummibezüge mit Polyamidfilm für Maschinen, die Chemiefasern verarbeiten. Tekstil. Prom., Moskva (Textil-Ind.) **28** (1968) 11, S. 27–28.

*Erzeugnisse der Spinnerei und Zwirnerei*

*Baljasov, P. D.*: Bedeutung des Zusammendrückens der Textilfasern in der Flocke für die Produktionstechnologie. Tekstil. Prom., Moskva (Textil-Ind.) **28** (1968) 11, S. 51–54.
*Wegener, W., Peuker, H.*: Qualitätsvergleiche nach verschiedenen Kammgarnsystemen gesponnener Garne. Spinner, Weber, Textilveredlung **87** (1969) 1, S. 19–25.
*Kuzmek, B.*: Herstellung und Veredlung von elastischen Textilien aus Cellulosefaserstoffen. Hemijska Vlakna, Loznica/Jugoslaw. (Chem. Fasern) **8** (1969) 3, S. 21–26.

**Texturfäden**

*Abbenheim, P.*: Texturierte Garne – Wachstumsgebiete und Herstellungsmaschinen. Z. ges. Textilind. **71** (1969) 2, S. 108–112.

## IV. Flächengebilde-Herstellungstechnologien

*Köhler*: Maschinen und Maschinensysteme des Industriezweiges Textilmaschinenbau. Technik **24** (1969) 3, S. 177–180.
Konkurrenz zwischen textilen Flächengebilden aus Chemieseide und -garn. Internat. Dyer, Textile Printer, Bleacher, Finisher **140** (1968) 12, S. 849, 851.
*Schäch, W.*: Einflüsse der Fadenzuführung an Wirk- und Strickmaschinen auf die Maschenbildung unter Berücksichtigung der Wechselwirkung von Fadenspannung, Warenabzugsspannung und der Bewegung der maschenbildenden Teile. Wirk.- u. Strick.-Technik **19** (1969) 1, S. 6–7.

**Materialvorbereitung**

Stabiles Konen von Polyolefinfäden. Textile Ind. **132** (1968) 10, S. 304–305.
*Zinger, Ch. N., Rožanskaja, I. N.*: Rechengerät für die Bestimmung der Wicklungsdichte des Garns auf Zylinderspulen. Tekstil. Prom., Moskva (Textil-Ind.) **28** (1968) 11, S. 33–34.
*Neufeldt, S.*: Das Kettwachsen in der Webereivorbereitung. Spinner, Weber, Textilveredlung **87** (1969) 1, S. 29–31.

**Weberei**

*Weberei-Technologie*

*Nedkova, M.*: Die Webmaschinenleistung als Funktion der Bedienungsnormen des Werkmeisters. Tekstil. Prom., Sofija (Textil-Ind.) **17** (1968) 10, S. 11–15.
*May, M. C.*: Fell kann Sorgen mit Schußfäden vermindern. Textile Ind. **132** (1968) 10, S. 235, 237, 333.

*Erzeugnisse der Weberei*

*Dietz, H.*: Herstellung von Acrylgeweben aus gefärbten Zwirnen. Spinner, Weber, Textilveredlung **87** (1969) 1, S. 31–32.
*Judina, L. P., Savostickij, A. V.*: Methoden zur Bestimmung der Geschlossenheit der Oberfläche von Bekleidung. Izv. vysšich uč. Zav. Technol. legkoj Prom. (Hochschulnachr. Technol. Leichtind.) (1968) 6, S. 132–137.
*Boczkowski, D.*: Die Konstruktion von Mehrkomponentengeweben. Przegl. włókienn. (Textil-Rdsch.) **22** (1968) 11/12, S. 576–585.

**Wirkerei und Strickerei. Konfektion. Sonstige Technologien**

*Wignall, H.*: Die Technologie der gleichen Maschenbildung auf Maschinen mit verschiedenen Durchmessern. Hosiery Trade J. **76** (1969) 901, S. 88–89.
Die Zukunft der Wirkerei/Strickerei in einer europäischen Multifaser-Textilindustrie. Hosiery Trade J. **75** (1968) 900, S. 83–85.
*Verdurmen, Th.*: Gewirkte Herrenanzugstoffe aus texturierten Endlosgarnen. Tex, Doetinchem/Nd. **27** (1968) 12, S. 653–654.

*Erzeugnisse der Wirkerei und Strickerei*

*Darlington, K. D.*: Prinzipien des Entwurfs von kettengewirktem Kleiderstoff. Teil 5. Hosiery Trade J. **75** (1968) 900, S. 96–98, 103.
*Gan, L. R.*: Waschbarkeit gestrickter/gewirkter Textilien – die Rolle des Strickers/Wirkers bei der Verbesserung der Waschbarkeit. Hosiery Times **41** (1968) 474, S. 89, 91, 92, 100.
*Millington, J. T.*: Die Aussichten der Maschenware bei Innenausstattungsstoffen. Hosiery Trade J. **75** (1968) 900, S. 74–77.

*Konfektion*

Gebrauchsfertige Spulen fördern Produktivität. Hosiery Trade J. **76** (1969) 901, S. 106–107.
*Karasev, V. K., Popova, E. F.*: Analytische Bestimmung der Welligkeit einer Naht. Izv. vysšich uč. Zav. Technol. legkoj Prom. (Hochschulnachr. Technol. Leichtind.) (1968) 6, S. 138–142.
*Čikl, Z.*: Neue Technik und Organisation der Arbeit in den Zuschneidereien der Bekleidungsindustrie. Textil, Praha **23** (1968) 11, S. 384–385.

**Textilverbundstoffe**

*Saganovskaja, V. V., Morozova, M. F.*: Neue Vliesstoffe. Tekstil. Prom., Moskva (Textil-Ind.) **28** (1968) 11, S. 42–43.

*Faserverbundstoffe. Vliesstoffe*

*Suchova-Makarova, T. A.*: Zum Problem der Faserorientierung in Näh-Wirk-Vliesstoffen. Izv. vysšich uč. Zav. Technol. legkoj Prom. (Hochschulnachr. Technol. Leichtind.) (1968) 6, S. 21–26.
*Kotov, M. P., Sorokina, N. S.*: Zur Adhäsionstheorie. Izv. vysšich uč. Zav. Technol. legkoj Prom. (Hochschulnachr. Technol. Leichtind.) (1968) 6, S. 66–69.
*Jakubowicz, H.*: Neue Tendenzen auf dem Gebiet der Verbundstofferzeugung. Przegl. włókienn. (Textil-Rdsch.) **22** (1968) 11/12, S. 601–608.

## V. Textilveredlung

*Stein, H. J., Heberlein, G.*: Herstellung und Veredlung von Maschenwaren. 1. Kapitel. Textilveredlung, Weinfelden/Schweiz **3** (1968) 12, S. 687–690.
*Franke, W.*: Herstellung und Ausrüstung von Maschenwaren. 11. Kapitel. Textilveredlung, Weinfelden/Schweiz **2** (1968) 12, S. 837–838.
*Franke, W.*: Herstellung und Veredlung von Maschenwaren. 2. Kapitel. Textilveredlung, Weinfelden/Schweiz **3** (1968) 12, S. 691.
*Abel, H.*: Herstellung und Veredlung von Maschenwaren. 8. Kapitel. Textilveredlung, Weinfelden/Schweiz **3** (1968) 12, S. 820–821.
*Linn, J., Stein, H. J., Sieber, H. J., Schuierer, M., Franke, W., Ter Hofte, G., Schubert, H.*: Herstellung und Veredlung von Maschenwaren. 5. Kapitel. Textilveredlung, Weinfelden/Schweiz **3** (1968) 12, S. 721–806.
*Schwanzer, P.*: Neue fortschrittliche Methoden in der chemischen Technologie der Textilveredlung. Textil, Praha **23** (1968) 11, S. 385–386.

**Farbstoffe. Textilhilfsmittel**

*Balli, H.*: Über die Synthese von Azacyaninfarbstoffen aus heterozyklischen Azidiniumsalzen. Textilveredlung, Weinfelden/Schweiz **4** (1969) 1, S. 37–45.
*Schreiner, G.*: Verfahren zur nachträglichen Modifizierung von Schwefelfarbstoffen. Dt. Textiltechnik **19** (1969) 2, S. 91–96.
Verband der Textilhilfsmittel-, Lederhilfsmittel-, Gerbstoff- und Waschrohstoff-Industrie e. V. (TEGEWA). Melliand Textilber. **50** (1969) 2, S. 221–222.

**Bleicherei. Sonstige Vorbehandlungsarbeiten der Textilveredlung**

*Albrecht, R.*: Die Entfernung von Kugelschreiberflecken. Reiniger Rev./Chem. Reinigung/Färberei **14** (1969) 1, S. 6–7.
*Grindea, M., Zeidman, R.*: Möglichkeiten des Nuancierens von Weiß auf Textilmaterialien. Ind. textila, Bucureşti **19** (1968) 12, S. 732–734.
*Parikh, D. V., Agnihotri, V. G., Kalra, S. S.*: Die Wirkungen von Verunreinigungen durch Metalle beim Bleichen. Textile Ind. 132 (1968) 10, S. 251, 256, 258, 260, 262, 264, 267, 270, 332.

**Färberei**

*Pratt, H. T.*: Macht Barré passé. Textile Ind. **132** (1968) 10, S. 244, 246.
Aus der Geschichte der Färberei. VIII. Bayer-Farben-Rev., Leverkusen (1968) 16, S. 17–21.
Computerkontrolle und Färbereiaufbau. Internat. Dyer, Textile Printer, Bleacher, Finisher **140** (1968) 12, S. 830, 831, 834–836.
*Schlaupitz, L.*: Niveauregelung von Flüssigkeiten in Foulardtrögen in der Textilveredlung. Dt. Textiltechnik **19** (1969) 2, S. 85–91.
*Kennedy, J. G.*: Wiegen und Messen für die Färberei. Internat. Dyer, Textile Printer, Bleachter, Finisher **141** (1969) 2, S. 94–96.
*Suga, N.*: Berechnung des Farbunterschiedes zwischen chromatischen Farbchips mit dem Graumaßstab für die Berechnung der Farbänderung. Amer. Dyestuff Rep. **57** (1968) 20, S. 136, 138, 140.
*Gajda, W. K.*: Die Anwendung von Procionfarbstoffen für Maschenwaren aus Cellulosefasern nach dem Auszieh- und Klotzverfahren. Inform. Prehled Výzkumný Ust. Pletařský, Brno (Inform.-Übers. Wirkerei-Inst.) (1968) 5, S. 59–66.
*Guaglianone, M., Chammah, S.*: Färben auf dem Kettbaum. Galaxia, Buenos Aires (1968) 21, S. 4–5 (span.).
*Renziehausen, H.*: Färben von Celluloseregeneratfasern mit Astrazonblau 6 GLL. Bayer-Farben-Rev., Leverkusen (1968) 16, S. 22–26.
*Walter, R.*: Resolamin-Farbstoffe – ein Sortiment zum einbadigen Färben von Mischtextilien aus Wolle und Polyesterfasern. Bayer-Farben-Rev., Leverkusen (1968) 16, S. 27–34.
*Kirner, H.*: Einige Gesichtspunkte besonderer Bedeutung beim HT-Färben von Polyesterfasern mit Dispersionsdiazofarbstoffen. Textilveredlung, Weinfelden/Schweiz **4** (1969) 1, S. 3–12.
*Mayer, U., Brock, M., Fleischer, H., Pastor, H.*: Der Defitherm-Prozeß – eine wirtschaftliche Methode für das Färben von Acrylfasern. Amer. Dyestuff Rep. **57** (1968) 20, S. 53–60.
*Carbonell, J.*: Erfahrungen beim Färben von Polyacrylnitril- und Polyesterfaserstoffen. Galaxia, Buenos Aires (1968) 21, S. 6, 8–10, 13–14, 17–18, 21.

**Druckerei**

*Barth, H.*: Verdickungsmittel und Verdickungen für den Textildruck. Bayer-Farben-Rev., Leverkusen (1968) 16, S. 53–73.
*Altmann, U.*: Afrika-Druck. Bayer-Farben-Rev., Leverkusen (1968) 16, S. 49–52.
*Kuz'menkov, V. A.*: Über eine neue Technologie zum Bedrucken von Wollgeweben. Tekstil. Prom., Moskva (Textil-Ind.) **28** (1968) 12, S. 53–54.
*Dečeva, R., Chardalov, I., Genev, Ch.*: Einphasendruck von Geweben mit Küpenfarbstoffen bei der Verwendung eines universellen alkalischen Reduktions-Verdickungsmittels. Tekstil. Prom., Sofija (Textil-Ind.) **17** (1968) 10, S. 17–19, 39.

**Ausrüstung. Trocknung**

*Freeman, J. D.*: Das Warum und Wie der Steuerung textiler Vorgänge durch den Computer. Amer. Dyestuff Rep. **57** (1968) 19, S. 24–31.
Lösungsmittelbehandlung – eine sich entwickelnde Technik. Internat. Dyer, Textile Printer, Bleacher, Finisher **140** (1968) 12, S. 827–828.
*Skwarski, T., Bucheńska, J., Wilemborek, U.*: Modifizierung von Polyvinylalkohol-Faserstoff durch redoxinitiierte Pfropfung von Vinylmonomeren. Teil I. Polimery, Warzawa **13** (1968) 11, S. 497–500.
Textilveredlung durch Strahlen. Chem. Ind., Düsseldorf **21** (1969) 1, S. 32.
*Volgina, N. M., Seregina, I. M., Vol'f, L. A., Kirilenko, Ju. K., Borisov, S. N., Nifant'ev, E. E., Sviridova, N. G., Tammik, K. D.*: Herstellung phosphorhaltiger Polyvinylalkohol-Faserstoffe mit hydrophoben Eigenschaften. Ž. prikl. Chimii (Z. angew. Chemie) **41** (1968) 11, S. 2563–2564.
*Franke, W.*: Verbesserung des Fertigungsflusses in der Schlauchwaren-Ausrüstung. Wirk.- u. Strick.-Technik **19** (1969) 2, S. 86–87.

**Wäscherei. Chemische Reinigung**

*Rudolph, W.*: Einschätzung der aktuellen Umfrage „Wäscherei". Textilreinigung, Leipzig **16** (1969) 3, S. 69–71.
*Magin, B., Fechner, J.*: Untersuchungen über das Saugvermögen von Baumwollgeweben nach dem Trocknen im Tumbler. Wäschereitechn. u. -chemie **22** (1969) 2, S. 59–62.
Mietwäschedienst für Berufskleidung in der DDR. Wäschereitechn. u. -chemie **22** (1969) 2, S. 62–63.
*Weißmann, H.*: Rationalisierung im Mangelbereich. Textilreinigung, Leipzig **16** (1969) 3, S. 82–87.
*Siegrist, G.*: Textilveredlung durch Gebrauch von organischen Lösungsmitteln. Tex, Doetinchem/Nd. **27** (1968) 11, S. 609–610.

## VI. Werkstoffprüfung. Meß- und Prüftechnik. Standardisierung

**Eigenschaften und Fehler der Textilmaterialien u. a.**

*Renert, M., Jinescu, V., Nuca, G.*: Über den Energieumsatz im Einschnekkenextruder. Plaste u. Kautschuk **16** (1969) 2, S. 117–124.
*Oberbach, K.*: Erwärmungsverhalten von Kunststoffen bei dynamischer Beanspruchung. Kunststoffe **59** (1969) 1, S. 37–39.
*Heuberger, H.*: Neueste Entwicklungen in der Prüfung der Farbechtheiten. Textilveredlung, Weinfelden/Schweiz **4** (1969) 1, S. 53–57.
*Asčik, J.*: Prüfung der physikalisch-mechanischen Kennziffern und des Weißgrades von Baumwoll- und Leinengeweben, die mit Natriumchlorit gebleicht wurden. Przegl. włókienn. (Textil-Rdsch.) **22** (1968) 10, S. 540–546.
*Bitterli, W.*: Die Bewertung von Ausrüstungen. Ciba-Rdsch., Basel (1968) 4, S. 47–49.
*Outreman, P., Dolder, P.*: Einfluß der Anwendungsbedingungen einer Spinnmaschine auf die Eigenschaften von Wollkammgarn. – Vergleich von Nadelwalzen- und Nadelstabstrecken. Bull. Inst. Textile France **22** (1968) 138, S. 725–748.
*Abramova, E. A., Bufetčikova, O. Ja., Semenova, L. O., Sul'gin, E. I.*: Eigenschaften von fasrigen Celluloseestern unterschiedlichen Substitutionsgrades. Cellulose Chem. Technology, Jassy/Rum. **2** (1968) 4, S. 413–421 (russ.).
Eigenschaften und Kennzeichen von verschiedenen, modifizierten Acrylfasern. Tex, Doetinchem/Nd. **27** (1968) 9, S. 481–482.
*Antoškina, T. F., Ševčenko, A. S., Judin, A. V., Konkin, A. A.*: Eigenschaften von mit Polyvinylalkohol modifizierten Polyacrylnitrilfaserstoffen. Izv. vysšich uč. Zav. Technol. legkoj Prom. (Hochschulnachr. Technol. Leichtind. (1968) 6, S. 45–50.
*Krässig, H.*: Betrachtungen zum Problem der Beziehungen zwischen Faserstruktur und Fasereigenschaften. Textilveredlung, Weinfelden/Schweiz **4** (1969) 1, S. 26–37.
*Helmstedt, M., Schröder, E., Thinius, K.*: Studien zur Alterung der Plaste. XXIII. Untersuchung zum Abbau der Oberfläche von Polyäthylen durch natürliche Bewetterung. Photooxydation und Dichteänderungen. Plaste u. Kautschuk **16** (1969) 2, S. 103–106.
*Stavrakas, E. J., Bresnahan, J.*: Entwurf einer Gebrauchswertprüfung in kleinem Maßstab. Amer. Dyestuff Rep. **57** (1968) 20, S. 115–119.
*Hoffmann, L.*: Ursachenerkennung von Kettstreifen in Geweben. Spinner, Weber, Textilveredlung **87** (1969) 1, S. 38–42.
*Hengstman, L., van Dort, J. M.*: Praktische Gewebegeometrie. I. Tex, Doetinchem/Nd. **28** (1969) 1, S. 18–20.
*van Gorp, J. M.*: Bindungstechnik für moderne Kleinstrukturgewebe für Damenoberbekleidung. Tex, Doetinchem/Nd. **27** (1968) 10, S. 542–545.
*Emans, F. J.*: Moderne Untersuchungsmethoden für Teppiche. Tex, Doetinchem/Nd. **27** (1968) 6, S. 345–349.

**Meß- und Prüftechnik**

*Naumann, D., Seydel, K.-J.*: Zur optischen Korngrößenbestimmung an Pigmenten und Extendern. Plaste u. Kautschuk **16** (1969) 2, S. 136–138.
Prüfgeräte-Entwicklungen aus dem Institut für Textiltechnologie der Chemiefasern. Dt. Textiltechnik **19** (1969) 3, S. 158–160.
*Derminot, J., Belin, C., Tasdhomme, M.*: Verschiedene Methoden zur Trennung und Bestimmung von Aminosäuren und einiger ihrer Derivate in Wolle. Bull. Inst. Textile France **22** (1968) 138, S. 785–793.
*Winkler, F., Homann, G., Götze, W.*: Dichtebestimmung an Faserstoffen. III. Eigene Untersuchungen: Meßeinrichtung und Meßverfahren. Faserforsch. u. Textiltechnik **20** (1969) 2, S. 80–86.
*Anders, G.*: Weißgradbewertung mit einem lichtechten Weißmaßstab. Fette, Seifen, Anstrichmittel/Ernährungsind. **70** (1968) 11, S. 881–887.
*Ol'chovikov, O. A., Fomenko, B. A., Najmark, N. I.*: Gerät für thermomechanische Prüfungen an Fäden und Filmen. Zavodsk. Labor., Moskva (Betriebslabor) **34** (1968) 12, S. 1528–1529.
Rechenstab zur Flächenschrumpf-Berechnung. Reiniger Rev./Chem. Reinigung/Färberei **12** (1969) 2, S. 48–49.
*Schimmelschmidt, J., Geitel, K.*: Verringerung des Prüfaufwandes mit einem Zehnstellen-Drehungszähler. Dt. Textiltechnik **19** (1969) 2, S. 103–105.

**Standardisierung. Terminologie**

*Krämer, G.*: Einfluß der Standardisierung auf die Herstellung und Beschaffenheit von Raumtextilien. Dt. Textiltechnik **19** (1969) 2, S. 105 bis 108.
Viskosität von Tallöl SCAN-T 9:68. Svensk Papperstidn. **71** (1968) 22, S. 832–834 (schwed.), S. 835–837 (engl.).
Was besagt das neue Textilkennzeichnungsgesetz? Wirk.- u. Strick.-Technik **19** (1969) 2, S. 102.

## VII. Betriebstechnik. Ökonomie. Tagungsberichte und dgl.. Sonderfragen

**Betriebstechnik**

Computer in der Maschenwarenindustrie. Hosiery Times **41** (1968) 474, S. 39, 97.
*Goubeaud, F.*: Erfassen, Bewerten und Regeln der Qualität mit dem Computer. Ind. Organis., Zürich **38** (1969) 1, S. 1–10.
Computer versieht die Fa. Crompton & Knowles mit einem integrierten Betriebsleitungssystem. Mod. Textiles Mag. **49** (1968) 9, S. 74–75.
*Sander, H. P.*: Wirtschaftliche Überlegungen zur Wassernutzung in Textilveredlungsbetrieben. Spinner, Weber, Textilveredlung **87** (1969) 2, S. 85.
*Dittrich*: Wasserverwendung und Abwasserbeseitigung bei Unternehmen der Textilindustrie. Z. ges. Textilind. **71** (1969) 2, S. 127–128.
*Chodos, A. M.*: Fließstraßen, ihre Spezialisierung und Leistungsfähigkeit. Tekstil. Prom., Moskva (Textil-Ind.) **28** (1968) 11, S. 36–41.

**Ökonomie**

*Reiche, H.*: Automatisierung der Entwicklung und Produktionsvorbereitung. Immanenter Bestandteil der wissenschaftlich-technischen Revolution. Teil 1, 2. Techn. Gemeinsch. **17** (1969) 1, S. 32–41; 2, S. 32–39.
*Carvajal, J., Schulte, H.*: Moderne Lagerhaltung in der Fertigungsindustrie. VDI-Z. **111** (1969) 2, S. 77–81.
*Vallbracht, W.*: Das in die Betriebsorganisation integrierte Warenlager. VDI-Z. **111** (1969) 2, S. 73–77.
*Ernst, D.*: Planmäßige Preisänderungen nach Netzwerk. Wirtschaft, Ausg. A **24** (1969) 6, S. 14.
*Singer, D. K.*: Eine Aufforderung an die Maschenwarenindustrie. Hosiery Trade J. **75** (1968) 898, S. 97–99.
*Hartmann, K.*: Das Hauptanliegen der Organisation ist die komplexe Automatisierung ganzer Bereiche und Betriebe. Wirtschaft, Ausg. A **24** (1969) 6, S. 7.
*Wagenführ, H.*: Wie betreibt man wirtschaftliche Zukunftsforschung? Chem. Ind., Düsseldorf **21** (1969) 1, S. 11–13.
Die Celluloseindustrie im Jahre 1968. Norsk Skogind. **23** (1969) 1, S. 4–6.
Mehr U.S.-Firmen richten sich auf den Beitritt zum Korea-Komplex ein. Der Schritt von Dow Chemical zur Vereinigung mit Chungju Fertilizer durch einen Äthylenbetrieb bringt den Komplex der Realität näher. Chem. engng. News **46** (1968) 51, S. 29–31, 34–35.

**Sonderfragen**

*Bassan, L., Pernaux, K.*: Komplexe physiologische Untersuchungen zur Bewertung der Beanspruchung an Arbeitsplätzen mit mechanisierten Arbeitsprozessen. 1. Mitteilung. Z. ges. Hyg. **15** (1969) 2, S. 111–116.
*Möhr, M.*: Analyse der Körperhöhen und Körpergewichte bei Industriearbeitern und -arbeiterinnen der DDR. Z. ges. Hyg. **15** (1969) 2, S. 136 bis 142.
*Wigert, H.*: Hygienische Probleme der Verpackung und des Transports von Wäsche im Gesundheitswesen. Textilreinigung, Leipzig **16** (1969) 3, S. 71–77.
*Gericke, R., Kohler, P., Nothnagel, P.*: Aufgaben und Probleme der Forschungsorganisation. Wirtschaft, Ausg. A **24** (1969) 7, S. 11–12.
Nachwuchsförderungsprogramm des Bundesfachverbandes Chemischreinigung/Färberei. Reiniger Rev./Chem. Reinigung/Färberei **14** (1969) 1, S. 19–20.

FSC
www.fsc.org
MIX
Papier | Fördert gute Waldnutzung
FSC® C083411

Zeitfracht Medien GmbH
Ferdinand-Jühlke-Straße 7
99095 Erfurt, Deutschland
produktsicherheit@kolibri360.de